細川博昭
HOSOKAWA
Hiroaki

鳥を識《し》る

なぜ鳥と人間は似ているのか

春秋社

はじめに

スズメ、ヒヨドリ、シジュウカラ。オナガやムクドリ。さまざまな鳥の声が、町中にも響いています。尾を上下に振りながら歩くセキレイや、ウグイス色をしたメジロの小集団が目の前をすぎるのを見て、思わず微笑みが浮かんできたり。川べりや野山を歩くと、やわらかな声、繊細なさえずりが耳に飛び込んできて、ときに疲れた心を癒してくれたりもします。

人間が地上に誕生したときからずっと、鳥は身近で、そこにいて当たり前の存在でした。美しい小鳥がしぐさやさえずりで心を満たしてくれたほか、鷹狩りのパートナーとして猛禽類が狩猟の現場で人間に寄り添うこともありました。

そんな例があるにもかかわらず、鳥がどんな生き物なのか、私たちはあまりよく知りません。知らないがゆえに、鳥は世界中で広く、「birdbrain」（鳥頭＝トンマ）など、失礼ともいえる評価もされてきました。

もちろん鳥類の研究者は昔からいて、鳥の生態や行動、飛行のしくみなど、さまざまな研究が行われてきました。研究を通して、人類が鳥から教わったこともたくさんあります。地球を狭くしてくれた飛行機の開発も、自在に空を飛ぶ鳥から学んだことのひとつです。角度によって色が変わる羽毛の構造をまねた布も開発され、衣服に利用されはじめています。

しかし、鳥がどのように世界を認識しているのか、どんな進化を経て鳥になったのかなど、わかっていないかったこともたくさんありました。関連する分野の研究が進んでいなかったことに加え、「birdbrain」などに代表される誤解からくる偏見もあって、研究者が鳥研究に意欲をもっていなかったこともあります。

鳥の本質を理解するための科学的なアプローチが深まったのは、実は、ごく最近のことです。鳥の理解を深める研究は、ここ二、三〇年で大きく進みました。特にこの十年の前進は、めざましいものがあります。鳥ごとの遺伝子解析が行われたことで、鳥種の分類や進化の道筋が〝より正しいもの〟に刷新されたのも、ここ十数年の特筆すべきニュースのひとつです。

言語学や心理学など、鳥類を専門としない領域の研究者が、それぞれの研究を進める過程で鳥に注目することが増えたこと、そうした研究から鳥類学へのフィードバックが増えたことも、鳥についての新たな理解の昂進《こうしん》につながりました。

なかでも恐竜の研究者が、恐竜の研究を進めていくには鳥への理解が不可欠という認識を強めたことが、鳥研究に大きなブレイクスルーを招きました。恐竜が新たな扉を開け、新たな地平を見せてくれたのです。

まだまだ浸透は十分ではないものの、取り巻く事情が変化し、革新的に理解が進んだことで、二〇年前と今とでは、鳥に対する認識、鳥観までもが大きくちがってきています。

その一方で、鳥と接点をもつ分野が大きく広がったことで、逆にさまざまな分野からもたらされる新情報のすべてを俯瞰《ふかん》することが難しくなってきています。鳥に興味をもつ人々のもとに、新たに判明した鳥に関する面白い情報が十分に届いていないのです。

そうした背景のもと、複数の領域にまたがる鳥の科学的な情報を、文化史なども交えて一冊にまとめてみませんかという提案をいただいて実現したのが本書です。それは自分自身にとって、とてもありがたい提案でしたし、鳥のことをもっと知りたいと願う人にとっても、歓迎すべきことだと思いました。

こうしてできあがった本書ですが、鳥に関心をもつ人たちだけでなく、恐竜に関心をもつ人、恐竜を愛する人のもとへもお届けしたいと思っています。

恐竜から鳥への進化についても、多くのページを割いて掘り下げてみました。本書を通して、恐竜は絶滅してはおらず、鳥に姿を変え、その命はいまも地上に満ちていることを実感していただけたら幸いです。

鳥の研究が進んできたことで深められつつあることが、実はもうひとつあります。

それは、人間という生き物に対する理解です。「人間とは何者なのか」、「人間はどう進化して今の人間になったのか」など、古くて新しい問いかけに対する重要なヒントを、鳥が提供してくれる可能性がでてきました。

人間は哺乳類で、スズメやインコなどは鳥類です。そこには数億年もの、たどった進化の隔たりがありますが、それにもかかわらず人間と鳥には、地上のどんな生き物よりも似ている点がとてもたくさんあります。もちろん、人間と鳥が似ている理由も、少しずつ解明されてきています。そうした理解を通して人間を見つめるというアプローチは、これまでとはまったく違う角度から人間に光を当てて、人間という種の「像」を見直すことにもつながっていきます。

これまでも、近縁のゴリラやチンパンジーなどの類人猿を通して、「人間とはなにか？」という問いの模索は行われてきました。しかし、それだけでは見えなかったものが、鳥という遺伝子的に大きく異なる種を通すことで見えてきています。

同時に、鳥たちがもつ特別な資質や知的な実力が公に示されたことで、人間がもっていた「人間は特別な存在である」という過度な優越感も打ち壊される可能性が出てきました。

発達した科学文明の中にいること、幼いころからの教育を通して、「人間だけが優れている」という矜持をもつ人も少なくありませんが、盲目的にそう思い込んではいけないことを、鳥が教えてくれます。

鳥を識る――なぜ鳥と人間は似ているのか　目次

鳥を識る——なぜ鳥と人間は似ているのか

序章　知性とはなんだろう？

1　人間は本当に特別な存在なのだろうか？

私たちはモノに満たされた、便利な社会で暮らしています。そのすべては、先人が考え、生み出したものです。私たちはたしかに高度に発達した社会に生きていますが、人間が地上に生まれたどんな生物よりも高い知性をもった高等な生物かと聞かれると、少し考え込んでしまいます。なぜなら、知性のあらわれとして、人間だけができると思われてきたことを、やってみせる動物が意外にもたくさんいたからです。

たとえば、道具の使用。チンパンジーが木の枝や石などを道具として頻繁に利用していることは古くから知られていました。同じ霊長類の仲間で、分岐する以前の一千万年も前は同じ種だったのですから、その行為は、大きな驚きには値しないかもしれません。

ところが、人間やチンパンジーとは縁遠いはずの鳥のなかにも、道具を使えるものが何種もいます。使うだけでなく、道具を自作するものもいますし、自身がつくった使いやすい道具を「マイ道具」として持ち歩くものさえいます。実は、道具を利用できる生き物は、人間が属する哺乳類よりも鳥類の方が多いのです。

人間のような手も手の指もありませんが、鳥たちには「くちばし」があります。鳥のくちばしは食べるための器官であると同時に、手や指のかわりとして利用することが可能です。それどころか、鋭く尖っていて繊細な神経も通っているくちばしの先は、いわゆる「ピンセット」のような、ごく細かい作業もできる精巧な道具でもあります。対象物を片足で固定し、くちばしでたやすく作業する鳥も多いのです。

鳥は古くから、花とセットで「生きた飾り」のような扱いを受けてきました。美しい声や羽毛をもっていて、人間の耳や目を楽しませてくれる存在ではあるものの、哺乳類とはちがって、知的な行動などできないと一段低く見られてきた歴史があります。鳥に対する偏見は根強く、それが長いあいだ、鳥の本当の姿を理解するための妨げにもなってきました。

さまざまな生き物について、驚くべき新事実がたくさん見つかってきている今、鳥のことも、偏見を捨てて、ニュートラルな目で見つめなおす必要がありそうです。

人間を人間にしている「人間らしさ」、人間の特質と呼ばれるものを通して鳥たちのことを眺めてみると、意外な面がたくさん浮かび上がってきます。こうした比較が、鳥類の理解への最初の一歩となってくれそうです。

2　人間らしさの象徴だったはずのことが……

古くから人間が自身に尋ねてきた問いとして、「人間とはなにか」というものがあります。哲学的な問いではありますが、個人として思索してみたことがある人も意外に多いかもしれません。人間がもつ特徴して挙げられること、人間だけの資質と思われていることを集めていくと、次のようなリストをつくることができそうです。少し専門的な内容も含めましたが、大体のところはうなずいていただけることだと思います。

人間らしさをつくっていること

◎二本足で立つ
◎道具を使う（その手でつくる）
◎音声でコミュニケーションしている
◎文法に基づいた言語をもつ
◎豊かな感情をもつ
◎複雑なことを考えられる頭脳をもつ（思考し、判断することのできる大きな脳をもつ）

◎「娯楽」として、「遊ぶ」ことができる
◎発達した海馬が、空間を把握する（道や場所をおぼえる）
◎独自の「美学」をもつ

まだまだ挙げられそうですが、きりがないので、このくらいにしておきましょう。

音声でコミュニケーションをする動物としては、ゾウやイルカ・クジラの例があります。しかし、より近い哺乳類であるチンパンジーやゴリラには、そうした能力はありません。人類には進化の過程で滅んでしまった兄弟種がたくさんいますが、喉の構造などの問題から、もっとも近いはずのネアンデルタール人でさえ、言葉を使ったコミュニケーションができなかった可能性が指摘されています。

ところが――、です。

先にも少しふれたように、野生の暮らしでありながら、道具を使えたり、作ったりできる鳥がいます。一種類の鳥がすべてを満たせるわけではありませんが、鳥類全体を見わたすと、ここで挙げた人間を人間らしくしている特徴のすべてを、鳥が満たします。

驚くべきことだと思いませんか？

ここからあらためていえるのが、「人間は決して特別な存在ではない」ということです。

人類は、地球生物が進化する過程で生まれたひとつの種にすぎないことを、その存在を通して、鳥たちが教えてくれているように思います。

そして、もうひとつわかることは、私たちが思っているより、鳥と人間は似ている、ということです。

もちろん、それには理由があります。似ている理由は、脳や体の構造、進化した環境や進化の道筋から説明することが可能です。これから、章を追って、その理由を解説していきます。

章を重ねていくうちに、鳥とはなにか、どんな生き物なのかが実感できると思います。同時にその過程は、「人間とはなにか」という古くて新しい問いかけにも答えていく道筋になるはずです。

人間だけを見ていても、人間の理解は深まりません。人間以外の動物を眺め、人間とのちがいを複数の角度から比べてみて、初めて人間の理解が深まっていきます。

チンパンジーやボノボ、オランウータンなど、人間に近い類人猿を調べることで、「人間とはなにか」という問いの答えを見つけようとする試みは、実はかなり早くから始まっていました。

そこに、「鳥」という要素を加えることで、さらに新しいものも見つけられるでしょうし、進化の不思議さも、鳥たちが教えてくれることでしょう。

I 鳥の体と進化

第1章　恐竜が二足歩行だったから、鳥も二本足で歩く

1　鳥類、恐竜、哺乳類の共通祖先は？

羊膜の誕生

人間の歴史を超える過去の世界をイメージするのはけっこう大変なことですが、まずは遠い遠い昔の地球に思いを馳せてみてください。

魚類が陸上に進出して、両生類が生まれてしばらく経ったころ。空を飛ぶ生き物といえば、原始的なトンボなど、昆虫くらいしかいなかったころの地球です。

なんとか陸の暮らしができるようになった両生類。彼らが次に目指す進化は、水辺から離れた乾燥した場所でも生きていける体と、乾燥に強い卵を生み出すことでした。特に、硬い殻をもった卵は、彼らの宿願でもありました。

たくさんの進化の試行錯誤があった末に、そんな生物が地球上に誕生します。

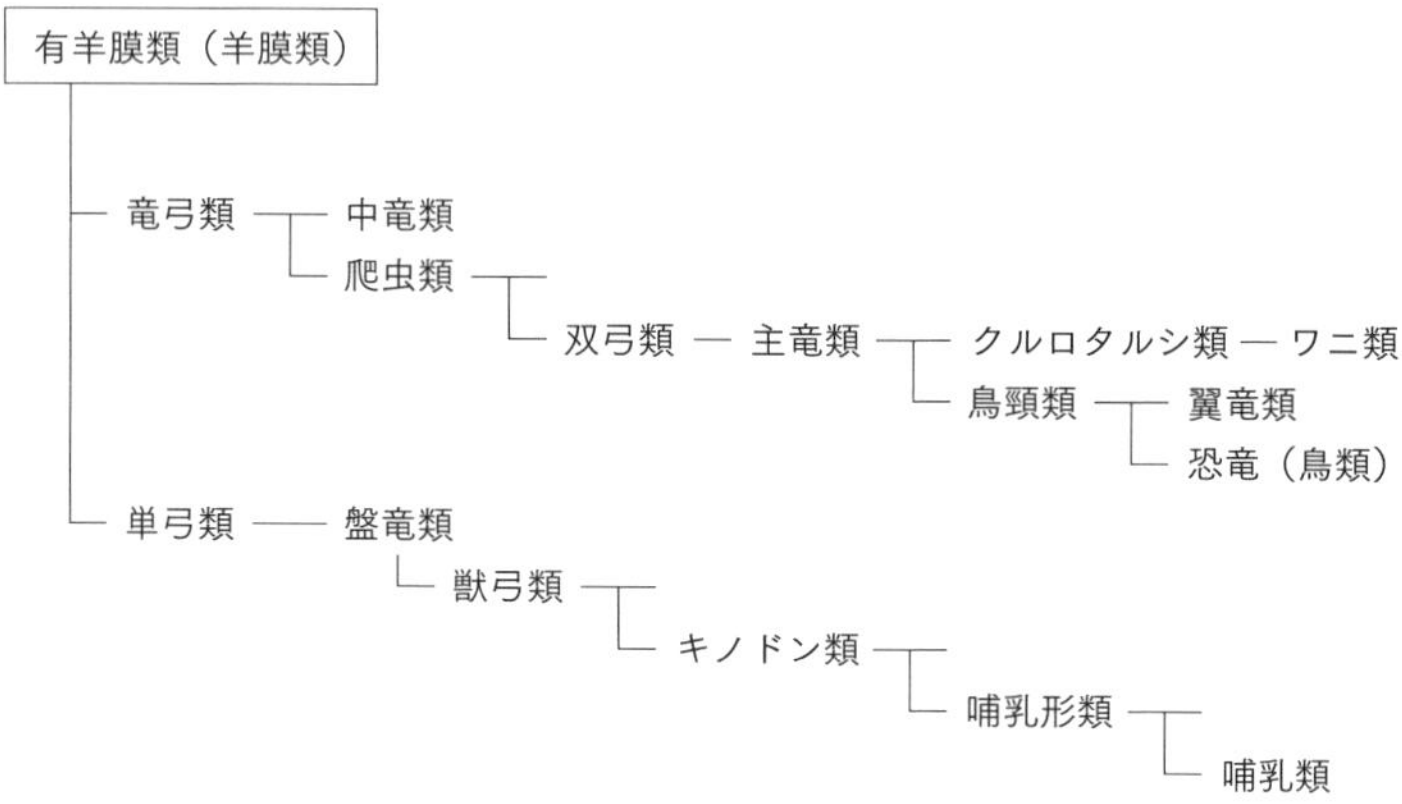

鳥類、哺乳類の進化の流れの略図。単弓類は現在の哺乳類を除き、すべて絶滅。双弓類は、現在見ることができる爬虫類や鳥類、絶滅した恐竜や翼竜をふくむグループです。双弓類の誕生は古生代石炭紀の後期で、およそ3億年前といわれています。

図1　哺乳類、爬虫類、恐竜、鳥類の進化の図

陸上での産卵に適応した卵は、乾燥に耐える硬い殻に包まれ、さらにその中には、成長する胚を守るような膜（羊膜《ようまく》）ができました。同時に卵の中には魚類や両生類から引き継いだ卵黄嚢《らんおうのう》があり、老廃物を溜める尿膜《にょうまく》があります。そうしたものすべてを外側からさらに漿膜《しょうまく》が包み込むようなかたちになっています。

のちの爬《は》虫類《ちゅうるい》や鳥類では、漿膜はやがて卵殻の内側に張りつき、そこに網の目のように血管が拡がります。それが卵の中で成長しつつある胚の呼吸器官です。漿膜、血管を通して、酸素が取り込まれ、胚に送られていきます。こうした組織が誕生まで、肺のかわりを果たすのです。

哺乳類では、卵の中で育つほかの生物とは、そのやりかたが大きく変化して、酸素

や栄養分は胎盤を通して母体から供給されるようになりましたが、子宮の中の胎児を守っているのが羊膜であり、そこを満たした羊水であることは、卵から生まれる生物と変わりません。

両生類から誕生した、陸に完全適応した生物は、このような羊膜をもっていたことから「有羊《ゆうよう》膜類《まくるい》（羊膜類）」と呼ばれます。これが、鳥類と哺乳類の共通する祖先です。

誕生したのはおよそ三億年前で、カンブリア紀で始まる古生代後半の石炭紀の末ごろのことでした。そして、有羊膜類は時をおかず、新たな子孫を生み出します。

哺乳類、鳥類の進化の流れと、恒温性の獲得

有羊膜類から発展していった生物をたどると、大きくは、爬虫類・恐竜を経て鳥へと至るルートと、キノドン類から哺乳類へと至るルートの二つがあったことがわかります。爬虫類、哺乳類ともに、始まりの遠い祖先は、小さなトカゲのような生物でした。

かつて学んだ教科書の内容をおぼえていて、哺乳類は、両生類から爬虫類を経て誕生したと考えている方も多いかもしれません。でも、それはまちがいで、今では、哺乳類の祖先は爬虫類を経ることなく、有羊膜類から直接誕生したことがわかっています。

しばらく前まで、哺乳類の祖先の単弓類のことを「哺乳類型爬虫類《ほにゅうるいがたはちゅうるい》」と解説していた本がたくさんありました。しかし、事実とは異なるイメージを読者に与えてしまうということで、最近

の書籍では、こうした表現は使われなくなりました。中学校の理科の教科書なども、今はすべて正しい名称に書き換えられています。

さて、哺乳類と鳥類（恐竜を含む）の多くに共通する性質として、体内で代謝される熱により体温が環境温度よりも高めで一定に保たれる「恒温」という性質がありますが、これは進化の過程で、両者がそれぞれ個別に獲得した特性です。

キノドン類には体毛があったこと、なるべく体温を逃がさないように丸くなって眠る哺乳類とそっくりな姿で眠っていた化石が発見されていることなどから、哺乳類の流れでは、キノドン類あたりから恒温性を獲得したのではないかと予想されています。

変温動物が多い一般の爬虫類グループとはちがって、恐竜には高い体温をもつものも多く、恒温性の生き物だったと一般に考えられていますが、体深部の熱が逃げにくい体の大きい恐竜ほど高い体温をもっていたと推察されることなどから、完全恒温性ではなく、ワニ類などと同様に「慣性恒温性」だったのではないかと考える研究者もいます。

しかし、そこから分岐した鳥類の多くが恒温性の生き物であることは確かで、まだ恐竜だった前段階の祖先も、恒温という性質をもっていたと考えられています。

鳥やその祖先が、進化のどの段階で完全な恒温性を獲得したのかは、現在も議論が行われている最中です。

図2　単弓類、双弓類の頭骨のちがい

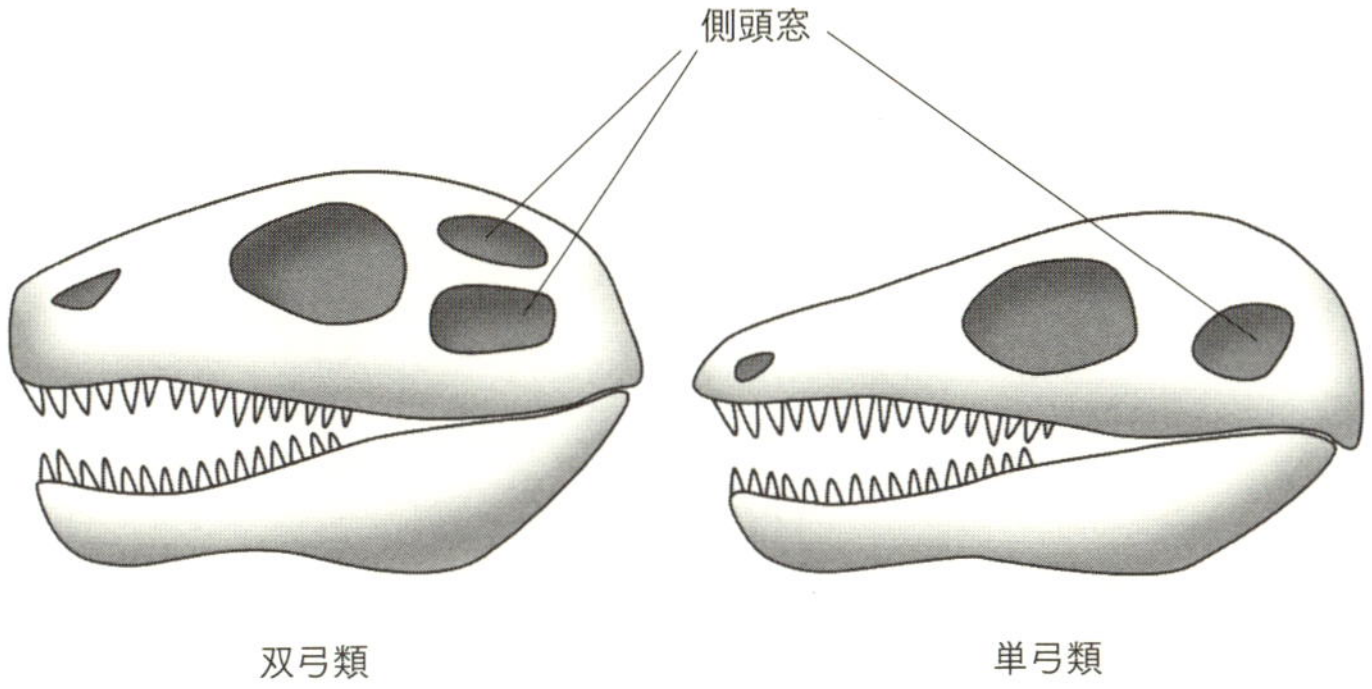

両者のちがいは、頭蓋骨に空いた側頭窓《そくとうそう》と呼ばれる穴の数。穴ができたのは、顎を開け閉めする筋肉を通す空間をつくるためだったと考えられています。この穴があることで、噛む力は格段に大きくなります。ちなみに、穴がないタイプの爬虫類は無弓類と呼ばれます。

図3　地質時代区分：中生代

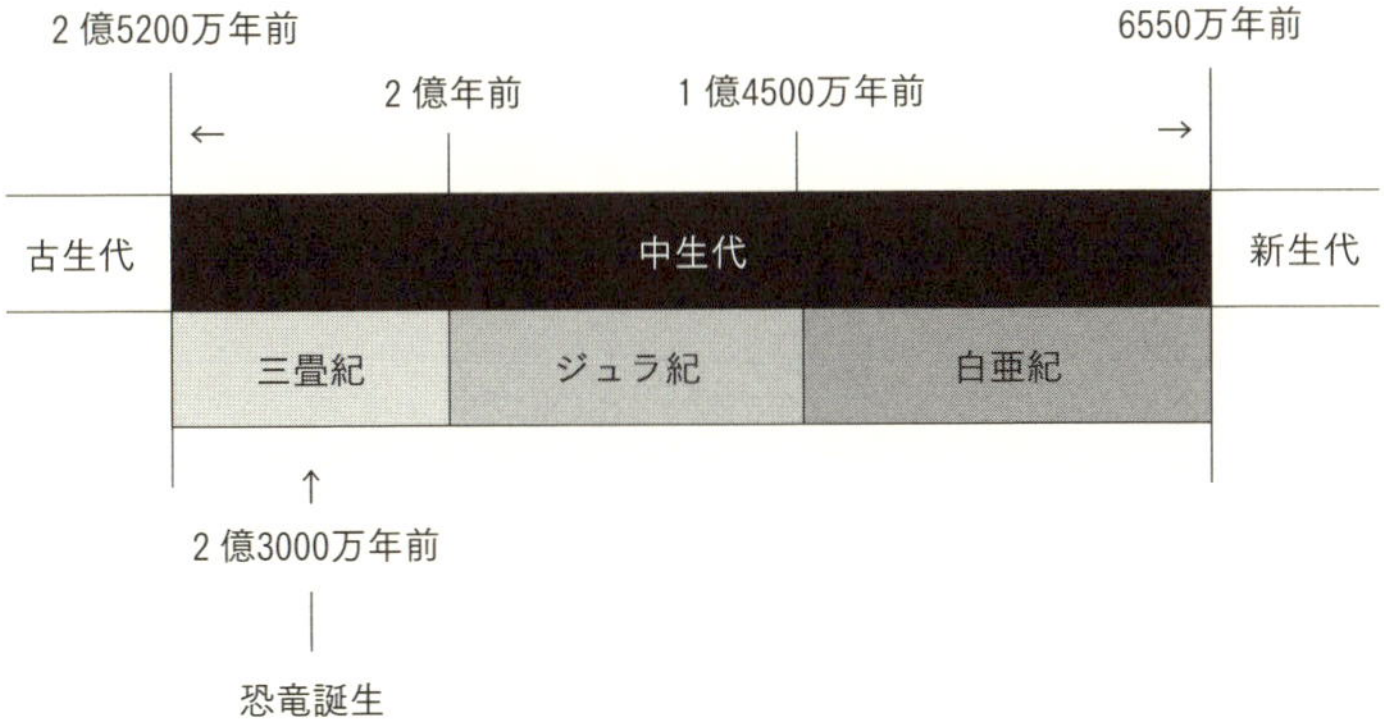

2　恐竜から生まれた鳥

鳥を理解するために

いわゆる恐竜は、六五五〇万年前の巨大隕石の衝突や、火山の大規模噴火などによる環境の激変によって絶滅したと考えられています。しかし、それ以前に恐竜から分岐していた鳥類は生き残り、荒野となった地球に再拡散して、現在の繁栄を築きました。

今は「鳥類」と呼ばれてはいますが、鳥と恐竜のあいだに明確な境界線はなく、鳥は生き延びた恐竜そのものといってもいい存在です。それゆえ鳥類は、私たちが想像する以上に、体にその祖先である肉食恐竜の特質を色濃く残しています。

ほんの二十年ほど前まで、「恐竜→鳥」というのは有力学説のひとつにすぎませんでした。しかし、現生の生物では鳥だけがもつ「羽毛」をまとっていた恐竜が相次いで発見され、進化の空白が埋められていくにつれて、それは否定のできない定説となりました。

恐竜に関しては、今後もさまざまな発見があるでしょうが、恐竜が鳥になったという説を覆すような新たな発見はないだろうというのが、多くの研究者の予想です。

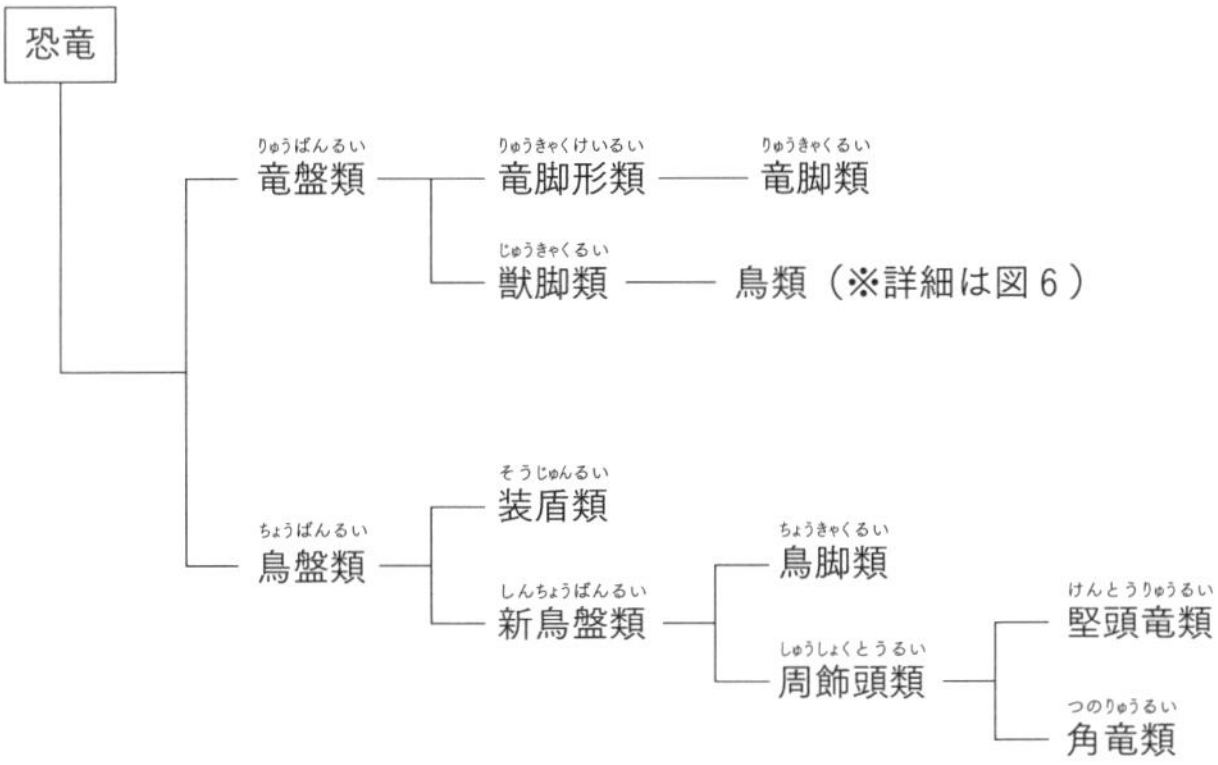

竜脚類は、かつては雷竜とも呼ばれた4本脚の巨大な恐竜を含むグループです。有名な恐竜の仲間では、ステゴサウルスなどは装盾類、トリケラトプスなどは角竜類に含まれます。

図4　恐竜の分化、進化の略図

そのため、鳥が何者かという話をするにあたっては、恐竜がどんな生き物だったのか、どんな肉体的特徴をもち、どんな生活を送っていたのかを、先に語らなくてはなりません。それを経ずして、鳥を深く理解することは不可能だからです。

恐竜誕生

まず、恐竜が誕生した時期ですが、三畳紀《さんじょうき》、ジュラ紀、白亜紀と三つに分けられる中生代の最初の区分である三畳紀の半ば、今から二億三〇〇〇万年前か、その少し前くらいのことだと考えられています。中生代は二億五二〇〇万年前から六五五〇万年前までの期間ですから、恐竜は中生代が始まってまもなく誕生したと考えることができます。

恐竜の時代は、そこから一億六千万〜一億七千万年間も続きました。人間（ホモ・サピエンス）に連なるヒトの祖先がゴリラやチンパンジーと分岐してから、まだわずか数百万年ですから、恐竜の繁栄期間の長さにはとても驚かされます。

先に示した有羊膜類の進化の流れの図からもわかるように、恐竜が誕生し、分布を拡大していた時期には、すでに哺乳類やその祖先が生まれていました。恐竜が支配者として地上を闊歩《かっぽ》していたあいだ、一億数千万年も多くの哺乳類はじっと息を潜めて暮らしていたことになります。

ただし、小さな体のまま大きく発展せず、恐竜の目から隠れて夜陰にまぎれるような暮らしをしていたからこそ、哺乳類は、恐竜が絶滅した時期に同じように絶滅しなかったとも考えられています。「なにが幸運かわからない」とはよくいったものです。

なお、哺乳類の多くが夜行性でフルカラーの視覚をもたず、五感の中で嗅覚を特に重視して生きているのは、夜に活動せざるをえなかったこの時期を経ているがゆえと考えられています。

二足歩行する初期の恐竜

両生類以降の脊椎動物は、基本的に、前肢、後肢が二本ずつの四肢動物です。恐竜も四肢動物ではあるのですが、恐竜という大きなグループの鋳型《いがた》になった地球に誕生した最初の恐竜は、後ろ足に比べて小さな前足をもち、後肢で立ち上がって二足歩行する生き物でした。ティラノサウルスなどの肉食系以外で、「恐竜」といわれて多くの人がすぐに思い浮かべるのは、角竜《つのりゅう》のトリケラトプスや、剣竜《けんりゅう》のステゴサウルス、首と尾が長く巨大な体をもつブラキオサウルスなどの竜脚類でしょう。

これらはみな四足で歩行する恐竜ですが、彼らは後天的に四足に戻っただけで、遡ると祖先はみな二足歩行をしていました。

一方、代表格であるティラノサウルス以下、そのほとんどが肉食恐竜である「獣脚類《じゅうきゃくるい》」は、最初に誕生した祖先の肉体的な資質をそのまま引き継ぎ、進化を続けても、二足で大地に立つスタイルを維持していました。

つまり鳥は、鳥になる以前の祖先の時代から計算すると、二億三千万年間も「二足」で立っていたことになります。

人間はよく二足歩行を、進化した種だけがもつ特別な資質であるかのように自慢げに語りますが、それを鳥や恐竜に言ったなら、「人間が二本足で歩けるようになったのは、ごく最近のことですよね?」と苦笑されてしまうことになるでしょう。

この点に関して、彼らは、はるかに大先輩なのです。

骨盤と後肢の進化

恐竜では、それ以前の爬虫類と比べて、骨盤の形状と、骨盤に対する大腿骨《だいたいこつ》の付き方が大きく変化しています。言葉を換えると、この部位に大きな進化があったということです。その進化が「恐竜」という生物を地上に生み出したと考えることもできます。

たとえば、ワニが後ろ足で立ち上がった姿を思い浮かべてみてください。そしてそれを、ティラノサウルスなどの二本足の恐竜の立ち姿と比較してみてください。大きなちがいに気がつきませんか？

ワニやカメなどの爬虫類の足は、胴体から真横に突き出しています。いわゆる「ガニマタ」です。それに対して、ティラノサウルスなどの恐竜の後ろ足は、膝から下の部分も含めて、骨盤から真下に向かってすっと伸びています。トリケラトプスなどの四足の恐竜も同じで、胴体の横から足が出ているわけではありません。それが意味することは、四本足の爬虫類がただ身を起こし、後ろ足で立ち上がるようになって恐竜になったわけではないということです。

獣脚類など、二足歩行の恐竜を例に説明すると、骨盤の下方左右に大きな窪みがあって、大腿骨の先端がそこにすっぽりおさまるようなかたちになっています。その結果、足に無理な力がかかることがなく、素早く、効率よく走れるようになりました。

図5　ワニと恐竜の足のつきかたの比較

恐竜では、足は骨盤からまっすぐ下に伸びているのに対し、ワニやトカゲなどは骨盤の横から飛び出すような、いわゆる「ガニマタ」になっています。

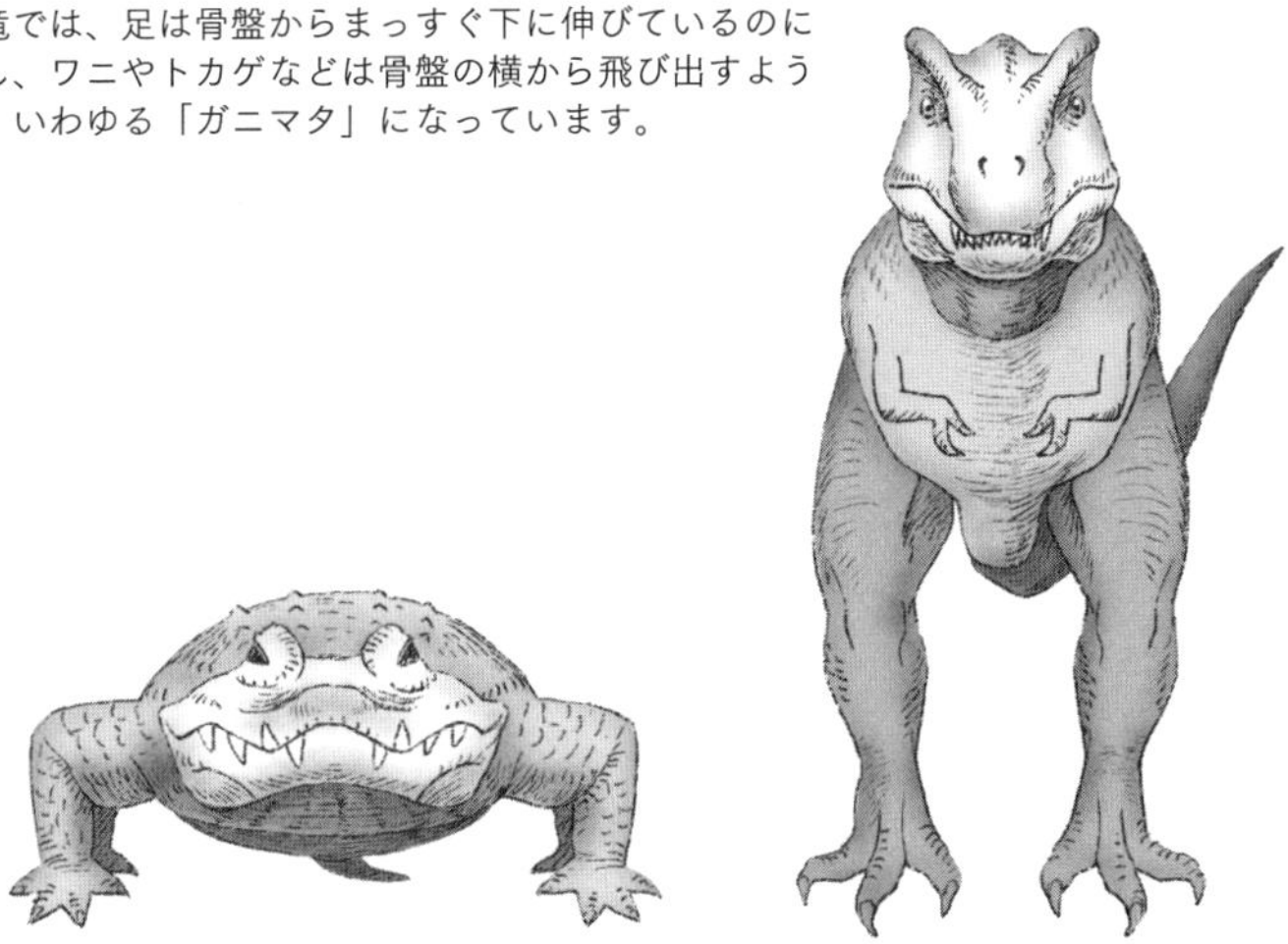

ワニ　　恐竜

そうした二足で歩行する祖先の恐竜の骨盤・足の基本構造を鳥類が継承していることは、その立ち姿や走る姿を見ても明らかです。

砂浜でチドリなどがチョコチョコと小股で、それでもかなりの速度で走る姿を見ることもあるでしょう。インコやオウムと暮らしている人なら、彼らが自宅のリビングの床やテーブルの上などを走り回る姿を見ることもあるはずです。彼らにそういう走り方ができるのも、私たちがそれを見ることができるのも、祖先が直立する恐竜だったからこそなのです。

地球に存在した最大の恐竜には、体重六〇トンを超える巨体のものもいたと考えられています。恐竜タイプの足と骨盤に進化せず、一般的な爬虫類タイプの足のままだったなら、大きく成長できる竜脚類といえども、こんな巨体にまで至ることはなかったはずです。

「直立」しない恐竜の二足歩行

さて、ここでもう一点、二足歩行の恐竜について補足しておきたいことがあります。

博物館などで恐竜化石の復元像や復元イラストを見ると、「二足歩行」とはいうものの、私たち人間の直立とは大きく姿勢がちがっていることに気づくはずです。簡単にいえば、人間が「直立」であるのに対し、鳥や獣脚類の恐竜は「直立ではない」ということに。

人間は、足から骨盤、頭までが垂直方向に一直線になっていて、重心は骨盤のあたりにあります。立っているときも、歩くときも直立です。文字どおり「直立二足歩行」の生物ということです。

それに対して恐竜や鳥は、尾の先から頭の先までが地面と並行か、少しだけ角度がついたかたちになっていて、その角度は垂直とは大きく外れています。走る姿など、そのラインは、どちらかといえば地面に対して並行に見えることも多くあります。重心が腰のあたりにあることは人間と同じですが、同じ二足歩行でも、人間のような直立ではありません。

戦前や終戦直後など、古い時代の恐竜のイメージ画ではよく、ティラノサウルスなどの二本足の恐竜を人間のように立った姿に描いていました。販売されていた模型なども同様です。正面から見ると、しっぽを地面に着くようにして三点で立ち、お腹がはっきり見える恰好でした。

比較的最近ともいえる昭和四〇年代に刊行された恐竜を解説した児童書（たとえば、偕成社『絵百科なぜとなに？（1）きょうりゅうのせかい』など）の挿絵などでも、肉食恐竜はすくっと立った姿に描かれていました。そうした姿が、映画『ゴジラ』などの怪獣のフォルムにも大きな影響を与えたことはいうまでもありません。

現在は、骨格の構造学的・力学的な計算や、歩行の際のバランス計算など、多角的な分析によって、ティラノサウルスなどの恐竜も、以前に比べてかなり前傾した姿に描かれるようになりました。しっぽも地面には着いていません。より正しい二足歩行の恐竜の姿勢は、ゴジラのような姿ではないのです。そして、頭から尾の先までを一直線にした傾斜角は、現在の鳥たちの体がつくる傾斜角と近い角度になっています。

計算してみると、ゴジラのような姿では歩幅はあまり大きくはならず、移動の際の左右の振れも大きくなってしまうため、高速で走ることができず、俊敏に獲物を捕えることは、ほとんど不可能だったことがわかりました。逆に、頭の先から尾の先までまっすぐ、地面と並行になると、大股で、ほとんど尾もぶれることなく高速で走ることが可能になり、急な方向転換もしやすくなります。そうした姿勢が本当の恐竜の姿だったことがわかって、イラストや造型が大きく修正されたわけです。

そうした後ろ足に対し、二足歩行する恐竜の前足は、獲物を襲ったりする際の武器として使われたほか、種によっては体を支えたり、バランスを取ったりすることにも利用されたようです。ただし、親指がほかの指と向きあうような対向指《たいこうし》ではなかったことから、人間のようになにかをつかんだりすることは、あまり上手くはなかったと考えられています。

そんな獣脚類のなかには、進化のかなり早い段階で羽毛をまとったり、前足を鳥のような翼へと変化させていたものがかなりいたことが化石からわかってきました。

3　羽毛恐竜の発見と、鳥と恐竜の関係の新たな理解

始祖鳥の発見

「恐竜と鳥には特別な関係があるのではないか？」という議論が最初に沸き上がったのは一八六〇年代のことです。ドイツ・バイエルン州ゾルンフォーフェンのジュラ紀後期の地層（約一億五千万年前）から、羽毛に包まれ、鳥の翼のような前足をもった恐竜「アーケオプテリクス・リソグラフィカ」が発見され、あまりにも鳥に近い姿から「始祖鳥」とも呼ばれるようになりました。

ちなみに、「アーケオプテリクス」とは「太古の翼」という意味で、「アーケオプテリクス・リ

ソグラフィカ」で「石に刻まれた太古の翼」となります。始祖鳥は全長が五〇センチメートルほどで、ハトからカササギほどの大きさでした。

十体ほど見つかっている始祖鳥の化石標本は、ヨーロッパ各地の博物館に保存されています。このうち、図鑑や教科書などでよく見る、翼を拡げ首を大きくのけぞらせた、歯の形もくっきり残る化石は、ドイツのベルリン自然史博物館（フンボルト博物館）に保管されていることから「ベルリン標本」と呼ばれています。

発見された始祖鳥の翼の羽毛は、羽軸《うじく》の左右が非対称で、まさに今の鳥の風切羽と同じような〝飛ぶための〟形状をしていたこと。そして、その羽毛の微細なつくりまでもが今の鳥の羽毛に酷似していたことが、名前の由来となりました。この恐竜は、翼を使って空を飛べたのではないかと考えられたのです。これが初めて空を飛んだ鳥、「鳥の始祖」であるのなら、「始祖鳥」と呼ぶことにしようという主張でした。

ただし、始祖鳥には、まだ「くちばし」はなく、肉食恐竜であることを示唆する小さな歯がありました。また、尾には長い骨があり、しっかりとした筋肉がありました。加えて、翼の途中には、複数の鉤爪《かぎづめ》も飛び出していました。

羽ばたいて飛ぶ鳥の胸骨には、飛翔に使う太い筋肉がつくための大きく飛び出した部分「竜骨《りゅうこつ》突起《とっき》」があります。しかし、始祖鳥に竜骨突起はありませんでした。それは、飛ぶための筋肉――胸筋が発達していなかったことを意味します。始祖鳥は多少は飛べたかもしれないものの、今の鳥のように自在に飛んでいたとは考えにくい体の特徴をしていました。

その後、多くの恐竜化石が発見されていきますが、鳥と恐竜を結びつけるような中間的な化石は長いあいだ発見されず、鳥と恐竜の関係は、「近いかもしれない」という中途半端な状態のまま、結論が先送りされる状況が続きました。

事態が一変したのは、一九九六年のことでした。中国で発見された比較的小型の獣脚類の恐竜化石に明らかな羽毛の痕跡が見つかったのです。ただしそれは、中心に硬い軸のある鳥類の正羽のような羽毛ではなく、芯のない繊維状の羽毛で、始祖鳥の羽毛と比べるとかなり原始的なものでした。そんな羽毛であるにも関わらず、「シノサウロプテリクス・プリマ」（中国の羽のあるトカゲ：中華竜鳥）と名づけられたこの恐竜が生きていたのは白亜紀の前期で、始祖鳥よりも数千万年も新しい時代でした。

白亜紀に羽毛のある恐竜がいて、その化石が発見されるなら、始祖鳥より鳥に近い姿になっているはず、という研究者の予測は大きく外れることになりました。

始祖鳥に比べて退化しているようにも見える羽毛をどう解釈したらいいのか、深い議論が起こったのも、当然といえば当然のことでした。

議論のなかで、「これはコラーゲン繊維であって、やはり羽毛ではないのでは？」という疑問も出されました。しかし、詳しく調べたところ、現生の鳥類がもっているのと同様の「メラノソーム」と呼ばれるメラニン顆粒が羽毛らしき場所から見つかり、「やはりこれは羽毛とみてまち

図6　鳥類が誕生するまでのおおまかな進化の流れ

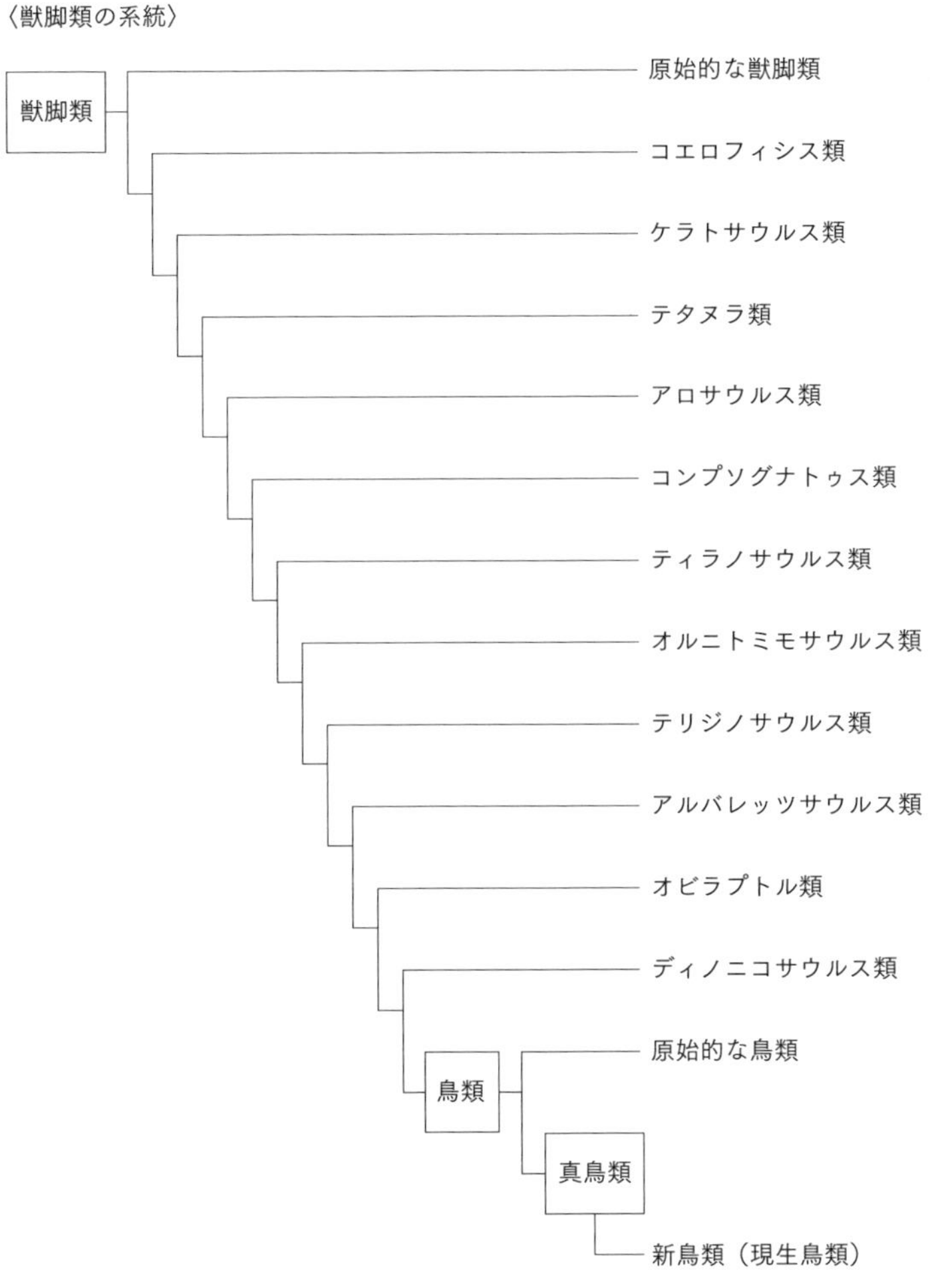

図は、『小学館の図鑑 NEO　恐竜［新版］』、『そして恐竜は鳥になった』（小林快次）ほかをもとに作成。なお、鳥へといたる恐竜の分類と分岐については、まだ完全に固まったものではなく、今後も見直し、修正が行われる可能性があります。

がいない」という結論に至ったのです。

シノサウロプテリクスが生きていたころ、この地域は雪が降るほど寒冷だったと予測されたことから、「七面鳥ほどの大きさの小型恐竜が体温を維持するには、保温のための羽毛が不可欠だったのでは？」と指摘する声も上がっています。その後、シノサウロプテリクスの羽毛について、部位ごとの色も確認され、論文が英ネイチャー誌に掲載されました。

論文によれば、背筋から尾にかけて赤みを帯びたオレンジ色の羽毛が生えていて、尾には白っぽい帯状の縞があったとのことです。

シノサウロプテリクスの発見以降、堰を切ったように、世界の各地で羽毛のある恐竜の発見が相次ぎました。今や、羽毛のある恐竜は珍しい存在ではなくなっています。その結果、あのティラノサウルスの成体でさえ、羽毛に覆われていた可能性が出てきました。

発見が続いた羽毛恐竜は小型のものがほとんどだったことなどから、「体温が逃げにくい大型恐竜には羽毛はない」という考えが主流になりかけていたところ、ティラノサウルスの遠縁であり、体長が九メートルもある大型の肉食恐竜である「ユウティラヌス・ファアリ」（美しい羽毛の王、の意）の化石の全身から羽毛の痕跡が見つかったからです。

なお、シノサウロプテリクスと同じ地層から発見されていることなどから、ユウティラヌスの羽毛も寒冷な気候と関係していた（寒冷な気候に適応していた？）のではないかという声も上がっています。

相次いだ羽毛恐竜の発見から、誕生からまもない幼い獣脚類の恐竜には、体温維持のために羽毛があってもおかしくないという認識ができつつありましたが、体を覆う面積は減るにしても、ティラノサウルスなどの大型の獣脚類も、大人になっても羽毛を維持していた可能性が否定できないことが、この発見によってあらためて示されたのです。

二〇一〇年代になって発刊された各社の恐竜の図鑑では、多くの恐竜に羽毛が描かれています。ほとんどすべての恐竜がウロコ状の皮膚の生き物として描かれていたほんの二十年ほど前のことが信じられない大変化です。はからずも私たちは、新発見が図鑑の多くのページを書き換えてしまうという事件を目の当たりにした生き証人となりました。

鳥を生み出した獣脚類に非常に多くの羽毛恐竜がいたことは、研究者の間ではもはや常識となっています。また、尾に羽毛状の組織が残った角竜類のプシッタコサウルスの化石が発見されたり、二〇一三年にロシアのジュラ紀の地層から発見された原始的な鳥盤竜の特徴を備える恐竜化石「クリンダドロメウス・ザバイカリクス」からウロコと羽毛の両方をあわせもった皮膚が見つかるなど、直接、鳥にはつながらないもう一方の恐竜グループ、鳥盤類のなかにも羽毛のような表皮をもっていた種が複数いたことも事実です。

こうした発見から、羽毛をつくる遺伝子は恐竜の広いグループがもっていたのではないかと考えられるようになりました。さらには、恐竜が誕生する直前に同じ祖先から分かれた翼竜からも、羽毛のような組織の痕跡が見つかっています。こうなると、羽毛はいったいいつ生まれたのか、どの生物が最初に身につけたのかわからなくなります。羽毛の起源については、現在も活発な議論が続いています。

前足に翼状に羽毛が生えていた恐竜や、その翼化がかなり進んでいた恐竜も意外に多かったことが、新たな化石の発見により判明しました。恐竜よりも鳥に分類した方がすっきりするような、鳥類の特徴を色濃くもった化石も多数見つかるようになりました。こうした幾多の発見を経て、獣脚類のグループから鳥類が生まれたことは疑いようのない事実となったわけです。

その後、始祖鳥についても、あらためて最新の技術による検証が行われました。脳があった頭の部位のX線によるCT撮影も行われた結果、始祖鳥では、体のサイズに対する脳の容量が、鳥と恐竜の中間にあたることがわかりました。

また、尾についていた羽毛が風切羽に似た非対称のものだったことが確認されたほか、前足だけでなく、後ろ足にも、風切羽状の翼があったようだという報告もありました。

後ろ足にも翼があった鳥似の恐竜として、白亜紀の前期から中期に生息した「ミクロラプトル・グイ」などがいますが、それよりは小さいものの、始祖鳥にも同じような翼があった可能性が指摘されています。

始祖鳥と同じアーケオプテリクス科に分類されると考えられていて、羽毛の色素が分析されたことからその色までも詳しくわかってきた羽毛恐竜の「アンキオルニス・ハックスレイ」（鳥類に近い者、の意）には、前足・後ろ足ともに翼があったことがはっきりしているため、始祖鳥に同様の特徴があってもおかしくはないと専門家は考えています。

4　翼竜→恐竜→コウモリ
空を自由に飛んだ三種の脊椎動物

恐竜がもっていた羽毛や羽毛に覆われた翼について話を進める前に、恐竜に先駆けて空に上がった爬虫類「翼竜《よくりゅう》」などについても、少しふれておきましょう。

翼竜は初めて自在に空を飛んだ脊椎動物で、鳥類が誕生するまで、一億年近くも地球の空を支配していました。翼竜は、恐竜が誕生する直前に共通祖先から分かれて誕生したので、今から二億三〇〇〇万年前ごろには、原始的な翼竜が生まれていたことになります。

滑空するだけでなく、完全な飛行能力をもった脊椎動物が誕生して空に上がった事例は過去に三回あります。最初が翼竜、次が鳥、最後がコウモリです。羽をもつ昆虫の空への進出は約四億年前のことで、地球の生物全体にまで枠を拡げると、これが最古となります。

一億数千万年間も栄えた翼竜が衰退した理由は、まだよくわかっていません。翼のある恐竜から誕生した鳥類が徐々に種の数を増やし、少しずつ翼竜からニッチを奪っていったことが大きく影響したと推測されていますが、事実の解明はまだ途上です。いずれにしても、恐竜とともに絶滅する直前の時期に、翼竜がその種の数を大きく減らしていたのは事実のようです。

恐竜や翼竜が地上から消えてからの、およそ一千五百万年間、空には鳥だけがいましたが、約五千万年前に哺乳類のコウモリが空を舞うようになります。

「コウモリが空に進出したというけれど、コウモリって哺乳類のなかでも少数派で、鳥から見たらさらに少数じゃないの？」と疑問に思う人もいるかもしれません。鳥類は空を飛び、哺乳類のほとんどは地上にいる、と思っている方は特にそう思ってしまうかもしれませんが、実はそれは正しくはないのです。コウモリ目（翼手目）の種の数は、およそ一三〇〇種。哺乳類の四分の一弱がコウモリ類なので、哺乳類の四分の一弱は空を飛びます。「哺乳類≠飛ばない」なんです。びっくりしましたか？

似ている翼竜とコウモリ

翼竜も鳥もコウモリも、前足を翼に変えて空を飛ぶ力を手に入れました。三者には大きく異なるところもありますが、似たところもあります。

鳥の翼は羽毛で覆われています。一方、翼竜とコウモリは膜状に広がった皮膚が翼です。飛翔力を得る力の源が風切羽を中心とする羽毛か皮膜かという点において、両者の間には明確なちがいが存在します。

皮膜に対して羽毛が優れている点は、まず第一に翼全体を軽量化できること。そして、年に一、二度の換羽《かんう》（羽毛の生えかわり）により、つねに翼を機能的な状態に維持できることが挙げられます。敵に襲われて皮膜が修復できないところまで破れると、翼竜もコウモリももう飛べません。しかし、羽毛なら折れても、抜けても、またすぐに生えかわってきます。

また、強い衝撃に対しても、羽毛はクッション（緩衝材）として働くため、敵の爪に直に皮膚や骨を傷つけられることも減り、意図しない落下の際も骨折の可能性が少なくなります。

動物が新たに肉体的な資質を獲得する場合、完全なゼロから始めることはまずなく、すでにもっている肉体資産の活用から始めるのがふつうです。鳥の場合、恐竜がもともともっていた羽毛を有効利用したということであり、翼竜やコウモリの場合は、鳥タイプの羽毛がない状況で、使える素材である「皮膚」を利用したと考えることができます。

なお、コウモリのように飛ぶことはできないもの、滑空できる哺乳類は意外に多くいます。リス科のモモンガやムササビなどは日本でもおなじみの動物でしょう。滑空性の哺乳類は絶滅種を含めると二桁にのぼります。哺乳類だけでなく、トビトカゲやトビヤモリなど、爬虫類にも滑空する生き物がいます。トビガエルなど、両生類にも滑空できる生き物がいます。

ムササビは前足と後ろ足の間に毛に覆われた皮膜をもち、これに風を受ける形で浮力を得ます。

図7　翼竜、鳥類、コウモリの翼のちがい

(1) 翼竜

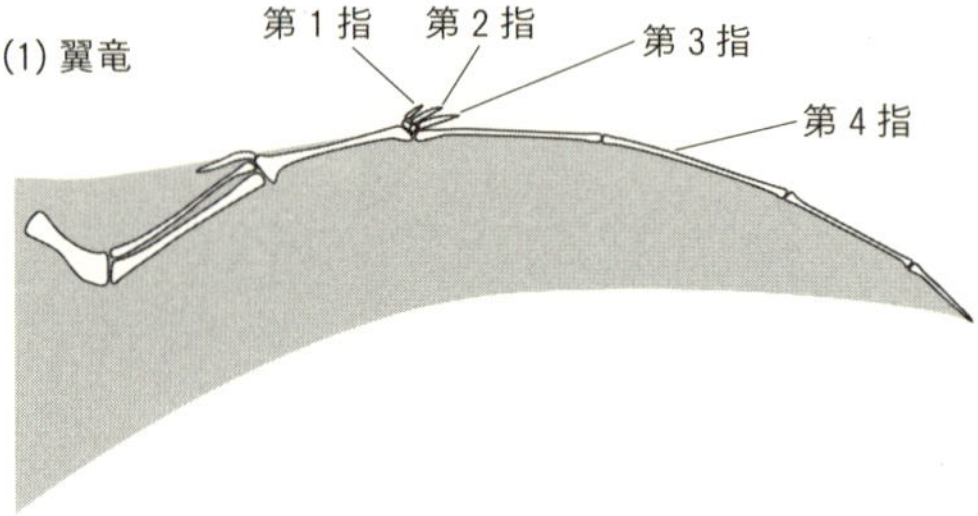

翼指《よくし》とも呼ばれる第4指が太くなり、長く伸びて、その先端から足首まで皮膜がつながっていました。多くの翼竜では、第1指から第3指はそのまま残り、地上を歩く際の補助として使われたり、ものを掴むのに使ったりしていようです。

(2) 鳥

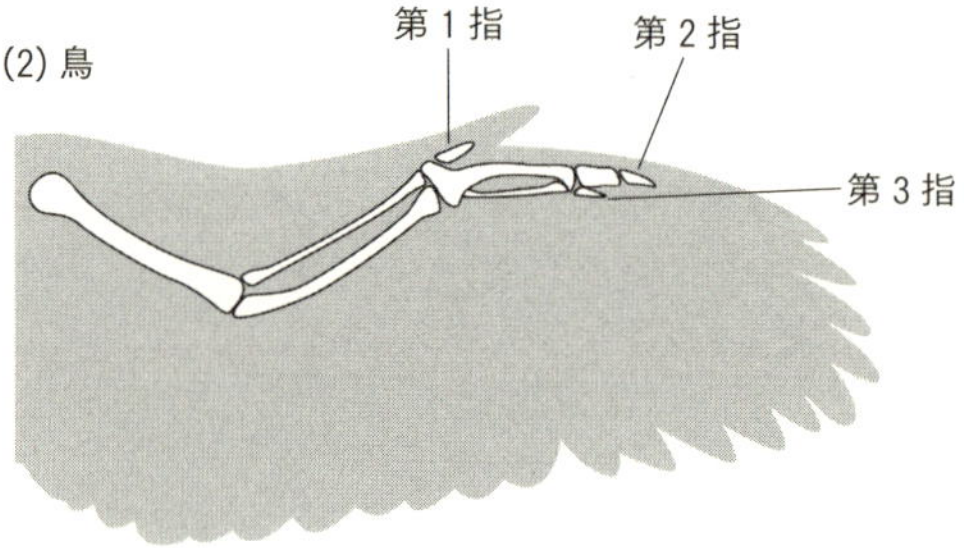

全体が羽毛で覆われた翼の中には、中空でありながら強靭な骨があります。揚力、推進力を生み出す鳥の風切羽は、強い力で羽ばたけるように骨から直接生えています。

(3) コウモリ

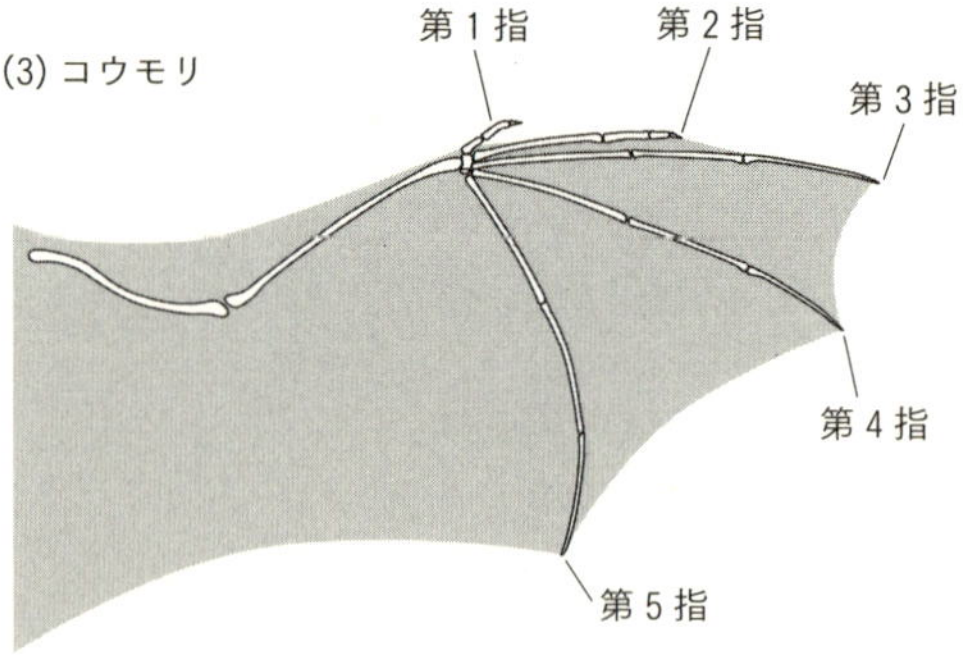

コウモリの手（前足）も私たちと同じく五本指です。二番目から五番目の指が長く伸びて、翼の支えとなっています。この形状が「こうもり傘」の名前の由来となりました。翼の皮膜は足首のあたりで足とつながっています。第1指は翼の途中から飛び出していて、支えたり押さえたりという、ちょっとした作業にも使えるようになっています。

爬虫類のトビトカゲの場合、皮膜は肋骨《ろっこつ》に支えられています。トビガエルは大きな手足の指のあいだにある水掻きをうちわのように拡げて浮力を得ています。

幾度も誕生した滑空生物

滑空して空を飛ぶ動物は、過去に地球上に何度も誕生していて、その多くが皮膜をもっていました。まったく無関係の種に、こうした皮膜をもつ動物が存在していることから、滑空できる性質は、それぞれが独立して獲得したことは確実です。

これはひとつの考えですが、誕生した数多くの滑空生物のうち、たまたま翼として使える位置に皮膜をもち、環境に上手く適応して、滑空以上のさらなる飛行能力をもつように進化できたものが生き残り、種を分化させて繁栄していったのかもしれません。だとしたら、翼竜やコウモリは、その数少ない貴重な成功例と考えることもできます。

実は、こうした思索を裏付けるような恐竜化石が、二〇一五年に中国で発見されているのです。ジュラ紀の中期から後期（一億七〇〇〇万～一億五〇〇〇万年前）の地層から発掘され、「イー（翼）」と名づけられたハトくらいの大きさのその恐竜化石には、前足の指が長く伸びて、そのあいだに皮膜らしいものがありました。鳥というより、まるでコウモリのような翼です。

二〇一六年に東京の国立科学博物館ほかで行われていた『恐竜博２０１６』でもこの恐竜化石

が展示されていたので、実際にその目で見た方もいるかもしれません。

恐竜のなかにさえ、皮膜で飛ぼうとしたものがいたことは、とても驚きでした。

結果的に、皮膜タイプの翼をもつ恐竜は進化の流れのなかで主流にはなれませんでしたが、長い恐竜時代において、皮膜で飛ぶという挑戦的な選択があったことは興味深い事実として記憶に留めておきたいものです。

皮膜について、あとひとことだけ補足をしておきましょう。ふだんは羽毛に隠れて見えていませんが、鳥の翼の肩から手首に相当する部位にかけて、強靱なゴムのような強さをもった皮膜状の皮膚組織があって、翼内部の骨とともに翼の構造を支えています。この部位の皮膚の表面からもびっしり羽毛が生えていることで、機能的な翼の形が維持され、力強い羽ばたきが可能になっています。

5 羽毛が生まれた理由、羽毛が受け継がれた経緯

羽毛の遺伝子を祖先から継承

動物がある形質を獲得し、それを子孫に残したという事実には、その形質を残すことがその生

物群の生存にとって優位になるような状況があったと考えることができます。

羽毛をつくる鳥の遺伝子は、祖先が獲得した「原始的な羽毛状のものをウロコに替えて皮膚につくる遺伝子」を受け継ぎ、発展的に部分修正して利用しているものです。鳥の正羽ほどに複雑ではない羽毛状の組織が、複数の翼竜からも発見されていることや、羽毛のオリジナルがウロコであることも判明していることから、少なくとも恐竜と翼竜の共通祖先が羽毛をつくる遺伝子をもっていた可能性は否定できません。

羽毛遺伝子は、さらにワニ類との共通祖先である主竜類まで遡ることができるかもしれないと考える研究者もいますが、本書での羽毛の発現時期に関する掘り下げは、ひとまずここまでにしておきたいと思います。

まずは保温に？　次に、見せるために？

恐竜が羽毛をどのように使っていたのか、直接知るすべはありません。しかし、鳥類が絶滅を生き延びた恐竜そのものだとしたら、話は別です。現代の鳥たちの羽毛の利用例、活用例から、恐竜たちが羽毛をどう使っていたのかを、推測することができるからです。

恐竜も、鳥類や哺乳類と同じように、基本的には恒温性の生物です。また、卵から孵化《ふか》したばかりの個体は、成体よりも保温能力が低かったと考えられています。そのため、恐竜の幼体には羽毛があってもおかしくはありません。

先にも少しふれたように、密集した羽毛には、襲われたりするなどの危機的な状況に陥った際に、皮膚が直接傷つかない、あるいは傷が浅くて済むなど、保護の役割もあったはずです。幼い個体では、そういうことは意外と大事だったかもしれません。

もちろん、羽ばたいて飛行する恐竜や滑空能力のある恐竜にとっては、現代の鳥と同様、羽毛は命綱だったでしょう。方向コントロールやより遠くへの飛行など、飛翔能力を維持するために羽毛が適切な状態で維持されることが必須だからです。現代の鳥が年に一・二度、古い羽毛を捨て去る「換羽」をして、羽毛をリフレッシュしていたように、羽毛のある恐竜も定期的に羽毛の抜け変わりがあったと考えるのが自然でしょう。

恐竜の羽毛の活用方法については、こうした例が考えられてきたわけですが、鳥の生態研究からのフィードバックとして、恐竜も鳥と同じように、「繁殖時期にきれいな羽毛を異性に見せて求愛したのではないか」と指摘する声が大きくなってきています。

鳥は、人間よりも鮮やかな色彩で世界を見ています。フルカラーではなかった視覚を無理矢理フルカラーにした結果、視細胞の感度バランスがやや崩れた状態にある人間と比べて、鳥は視細胞の感度曲線がきれいなバランスで並んでいることなどから、鳥の視覚特性は鳥になってから獲得したものではないと考えられ、そこから、鳥の祖先である恐竜も鳥と同様の高度な色覚をもっていたと考えることができます。おそらく恐竜は、赤や青や黄や緑などのきれいな羽毛の色を、きちんと識別できたはずです。

最近になって、羽毛にあった色素の分析も急激に進んできました。人間の皮膚や髪の毛にもあるメラニンが恐竜の羽毛にあったことも確認されています。おそらくはほかの色素も、羽毛の中には含まれていたでしょう。

シノサウロプテリクスが褐色の羽毛を身にまとい、尾には白っぽい帯があったことを先にも解説しましたが、始祖鳥の親戚すじにあたるアーケオプテリクス科のアンキオルニスは、メラニン色素により全身が黒っぽい羽毛で覆われていて、翼に白い帯がありました。さらに頭部には冠羽《かんう》のような赤い羽毛が密集していたことも確認されています。

また、この恐竜には後ろ足にも翼状の羽毛があって、前足と似たような配色だったことがわかっています。アンキオルニスはハトほどの大きさの恐竜でしたから、いまの世界に生きていたとしても、けっこうチャーミングに見えたかもしれません。

なお恐竜は、鳥のようなさえずりをもってはいなかったと考えられています。声のちがいから同種の異性を見分けることはできたと思われますが、伴侶探しや、求愛行動をする・受け入れるにあたっては、やはり視覚的な判断がかなり重要だったはずです。

化石からは簡単には確認できないものの、恐竜の時代にも、鳥と同様に亜種レベルでさまざまな近縁の種がいたとしたら、またそうした種が近いエリアで暮らしていたとしたら、色のついた羽毛は、交配可能な同種を見分けるかっこうの目印になっていたかもしれません。

6 翼が生まれた理由、鳥の翼にまで発展した経緯

飛翔するために生まれたものではなかった

はっきりわかっていることは、「翼」はもともと飛翔するために生まれたものではないということです。鳥に至る進化のルート上にない獣脚類の前足にも翼のような形状の羽毛が生えていた例があり、さらにそうした恐竜が幾種もいたことがわかったことで、恐竜のもつ翼が飛翔を目的としたものではなかったことがあらためて確認されました。恐竜が空を飛ぶ鳥を誕生させたのは、進化のひとつの「結果」だったということです。

ティラノサウルス類など、小さい前足をもっていた恐竜にも、翼状の羽毛があったことが報告されています。前足に翼があると、空気抵抗は増えます。一方で、獲物を捕える際にはほとんど役に立たなかったと推察されます。日常的な活動にメリットがあったようには見えません。だとするとこれも、色のついた羽毛と同様、異性へのアピールを狙った飾りだったのかもしれません。

恐竜の多くは卵を産みっぱなしにして、子育てらしい子育てをしていませんでしたが、オビラプトルなどの獣脚類の一部では、現在の鳥のように親が卵の上にお腹をつけるようなかたちで卵

を温めていたことがわかっています。

ちなみに、オビラプトルの名前は「卵どろぼう」という意味で、発見当初はほかの恐竜の卵を盗みにきて、その場で死んで化石になったと思われていました。ところが、よくよく調べると、その卵は自身が産んだもので、鳥のように温めていたことがわかりました。とんだ濡れ衣だったわけです。

オビラプトルのように卵を抱いて温めた小型の恐竜のケースでは、大きく発達させた翼を使って抱えるように卵を抱くことで、羽毛がない状態よりもより多くの卵を温め、孵すことができたのではないかという推察もあります。全身に羽毛があり、前足に翼があれば、抱卵する際、効果的に体温を卵に伝えることができ、孵化する確率を上げることができます。つまり、大きな翼をもつことで、子孫を増やしやすくなった可能性があります。現代の鳥のケースから見て、それは十分にありえることです。

「翼」の実験場だったジュラ紀〜白亜紀

翼状の前足をもっていたと考えられる恐竜には、アウストロラプトルやディノニクスなど、人間をはるかに超える大きな体長のものもいましたが、「多くは、人間サイズやそれ以下の大きさ」でした。鳥に近い体型の始祖鳥（アーケオプテリクス）の仲間はかなりコンパクトで、カラスほどでした。

飛翔を意識しはじめた鳥類の前駆的な恐竜たちは、飛べる体になるために小型化、軽量化していったと考えるのが自然であるように思います。

同時に、後ろ足にも翼をつくってみたり、先にも紹介した「イー」のようにコウモリのような皮膜の翼をもった恐竜も生まれたものの、最終的には前足のみを翼にした恐竜たちの方が生存に優位となって、それ以外の形質の種は淘汰されていったのでしょう。

翼として機能しはじめた翼はどう使われた?

翼が現在の鳥の翼と同じように機能するようになって鳥へと進化した恐竜が、強い生き物だったのか、弱い生き物だったのか、現在はまだわかっていません。

強い生き物だったとしたら、効率的に狩りをするために樹上に上がり、滑空して、離れた場所にいる獲物に襲いかかったかもしれません。逆に弱い生き物だったとしたら、もともとは近い仲間だった肉食の恐竜に襲われて樹上に逃げこんだのかもしれません。そして、敵となる相手が樹上まで追いかけてきたとき、翼を使って滑空して逃げたのかもしれません。

弱い生き物だったにせよ、強い生き物だったにせよ、「樹上」が大きな意味をもちます。鳥になった恐竜は、樹上で暮らすようになり、そこに適応したことで鳥としての資質を身につけてい

図8　木を駆け登る恐竜

木から滑空する恐竜

ったと考えられます。樹上に駆け上がる際も、翼はとても役に立ち、羽ばたくことで、翼のないものよりも少ないエネルギーで樹に登ることができました。

また、樹から飛ぶ際も、翼は大きな意味をもちました。「滑空」「飛行」はもちろんのこと、着地の際も、羽ばたいて制動をかけることで、怪我をしたり死んだりすることなく、安全に地上に降りられたからです。

始祖鳥の体の例を見てもわかるように、翼がある程度完成しても、鳥類になりかけていた恐竜には自在に飛びまわれる飛翔力はありませんでした。彼らにできたのは、樹の上や高い崖の上に上がってそこから飛び降りるように滑空することだったと考えられています。

そして、滑空するうちに少しずつ、羽ばたいて飛ぶための筋肉を身につけ、翼をねじったり反《そ》らせたりする筋肉を発達させていった。こんなふうにして飛行能力を向上させるうちに、いつしか羽毛恐竜は「鳥」になっていったということなのでしょう。

第2章　小さく軽くなって、「恐竜」は「鳥」になった

1　鳥が恐竜から受け継いだもの

確実に空を飛ぶために

体の広い領域に羽毛をもち、前肢《ぜんし》が翼状になった二足歩行の恐竜が鳥を生み出した（進化して鳥になった）ことは確実です。

ただし、すんなり「鳥」という生物が誕生したわけではなく、四肢に翼をつくってみたり、皮膜で飛んでみたりするなど、数千万年という時間のなかで、さまざまな進化の試行錯誤があり、そのたびに新種が生まれては消えていった末に、鳥という生物グループが、この世界の一員に加わることが確定しました。

最終的に、前肢のみを翼とした生物が生き残り、鳥となって現代にまでその血をつないだわけですが、その過程でも、もしも生き延びていれば、鳥のような生物に進化したかもしれない獣脚

類グループが存在していたと推察されます。ジュラ紀後期という早い時期に、鳥のような姿に進化していた始祖鳥に代表されるアーケオプテリクス類もそんなグループのひとつだったと考えると、行きつ戻りつしていた感のある鳥の進化も、納得できるように思います。

鳥へと至る道にはきっと、私たちが知る以上の壮大なドラマがあったのでしょう。

1章では、鳥が恐竜から受け継いだ資質である、「二足歩行」「羽毛」「翼」に絞って少し深い話をしました。しかし、それだけで恐竜が鳥になれたわけではありません。

鳥が鳥になるにあたって恐竜から受け継いだものは、ほかにもいくつもあります。また、鳥が鳥として生きるために、環境に合わせて変化させたものや、変えざるをえなかったものもあります。

章を進めるにあたって、まずは、二足歩行、羽毛、翼以外で、鳥が恐竜から受け継いだもの、進化するなかで変化させたものをまとめ、解説してみます。

◆恐竜から受け継いだもの

○V字型につながった鎖骨（叉骨）
○気嚢《きのう》
○体内での卵の作り方

◆鳥になるために変化させたもの

○胸の筋肉と胸骨
○尾羽
○くちばし
○骨の構造
○足の筋肉を腱《けん》に
○折りたたむことのできる翼の関節
○筋胃など、消化器官の追加

ざっくりまとめると、こんな感じでしょうか。

「祖先の恐竜から受け継いだもの」は、空を飛ぶ生物に変化していくにあたり、そのまま活用できたうえに、鳥として生きるうえで有利に働いた、祖先からの肉体的な継承資産です。

鳥が「変化させたもの」は、効率的に飛べるようになるために受け入れたものや、樹上生活になじむように自身の肉体を修正したものなどがあります。多くは、「身体の軽量化のために必要だったこと」であり、「飛翔力を強めるために必要だったこと」でしたが、いまのようなかたちに翼を折りたためるようになったことなど、一見地味ながら「きわめて特殊」な進化もそこにはありました（3章図5〜7参照）。

恐竜から受け継いだもの

◆叉骨

始祖鳥の発見から始まった、「鳥の祖先は本当に恐竜なのか?」という長い議論において、大きな注目を集めたのが「叉骨《さこつ》」の存在でした。

暢思骨《ちょうしこつ》とも呼ばれる叉骨は、ほかの動物でいうところの鎖骨ですが、鳥類では左右が別々の骨ではなく、二本の骨の先端がつながって、V字やU字のかたちになっています。叉骨は鳥に固有な骨であり、鳥であることの証でもあります。

人間などの鎖骨と大きくちがうのが、鳥類の叉骨は形状が固定された骨ではなく、翼の上下動に合わせて、バネのように開いたり閉じたりするように動く骨だということです。

ホシムクドリの飛行をX線で撮影したところ、飛行中の叉骨は通常の状態の一・五倍近くも開くことがあることが確認されています(Jenkins ほか)。叉骨が動くことで、効率的な羽ばたきができて、飛行の省エネ化も達成できているようです。

羽ばたきの際、叉骨の動きがどのくらい飛行に影響を与えているのか、その存在によってどのくらいのエネルギーが節約できるのか、まだ詳しくはわかっていません。叉骨の固さやしなやかさが、鳥種によって大きくちがっているのは事実であり、飛行中の動きも鳥種によって異なると

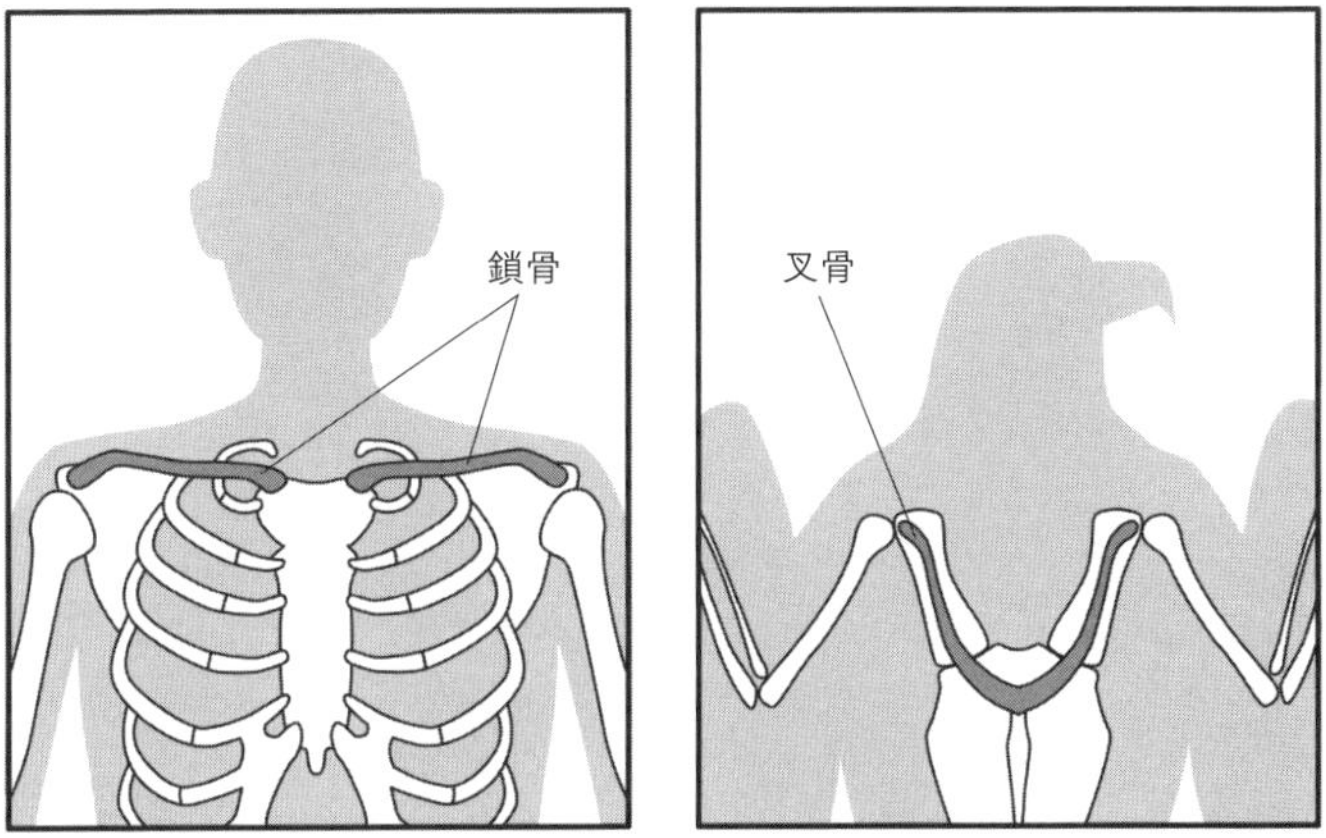

人間の鎖骨が左右別々な骨であるのに対し、恐竜や鳥の鎖骨はV字やU字に曲がった一本の骨になっています。

図1　鳥の叉骨と人間の鎖骨のちがい

考えられています。より詳しく知るには、さらに多くの鳥で叉骨の動く様子を調べ、計算してみる必要があります。こうした研究は今後の課題でもありますが、いずれにしても、多くの鳥で、鎖骨が飛行に役立っているのは確かなようです。

ティラノサウルスなどの少し遠縁の恐竜も含めて、鳥類へと連なる獣脚類の多くには叉骨があったことが確認され、恐竜と鳥との関係についての議論はひとまず完結しました。やはり獣脚類の恐竜が鳥の祖先とみてほぼまちがいないと、あらためて結論づけられたのです。

ただ、始祖鳥の叉骨は現代の鳥類に比べて厚みがあり、U字型というよりは「ブーメラン」のようなかたちでした。その形状から、鳥の叉骨のようにたわむことはなかったと考えられています。ティラノサウルスでも同様です。

つまり、叉骨はあったものの、始祖鳥ほかの鳥の親戚すじにあたる恐竜では、鳥のようには使われていなかったのは確かです。しかし、鳥のような使用法ではなかったにせよ、祖先の恐竜が叉骨をもっていたことは、鳥にとっては大きな僥倖《ぎょうこう》でした。祖先がもっていた叉骨を受け継ぐことで、鳥は力強い羽ばたきが可能になり、大きな飛翔力を得たのですから。

◆気嚢

鳥の肺の前後には、「気嚢《きのう》」と呼ばれる薄い膜の袋がいくつも付属していて、鳥は気嚢を膨ませたり、しぼませたりすることで肺に空気を送り込み、それによって呼吸をしています。

鳥の肺は、大きさ、かたちがほぼ固定されていて、哺乳類のようには膨らみません。そのため、鳥の呼吸においては、肺に空気を送り込む補助呼吸器官である気嚢が不可欠であり、その働きが大きな意味をもちます。

気嚢を使った呼吸のしくみ「気嚢システム」があったことで、鳥は体全体に素早く酸素を行き渡らせることができるようになって、機敏な行動が可能になりました。

八千メートルを超えるヒマラヤの上空など、空気の薄い高高度を飛行できるようになったのも、気嚢システムをもっていたがゆえです。近縁の肉食恐竜が大きな体でありながら素早く行動できたのも、気嚢システムをもっていたおかげと考えられています。

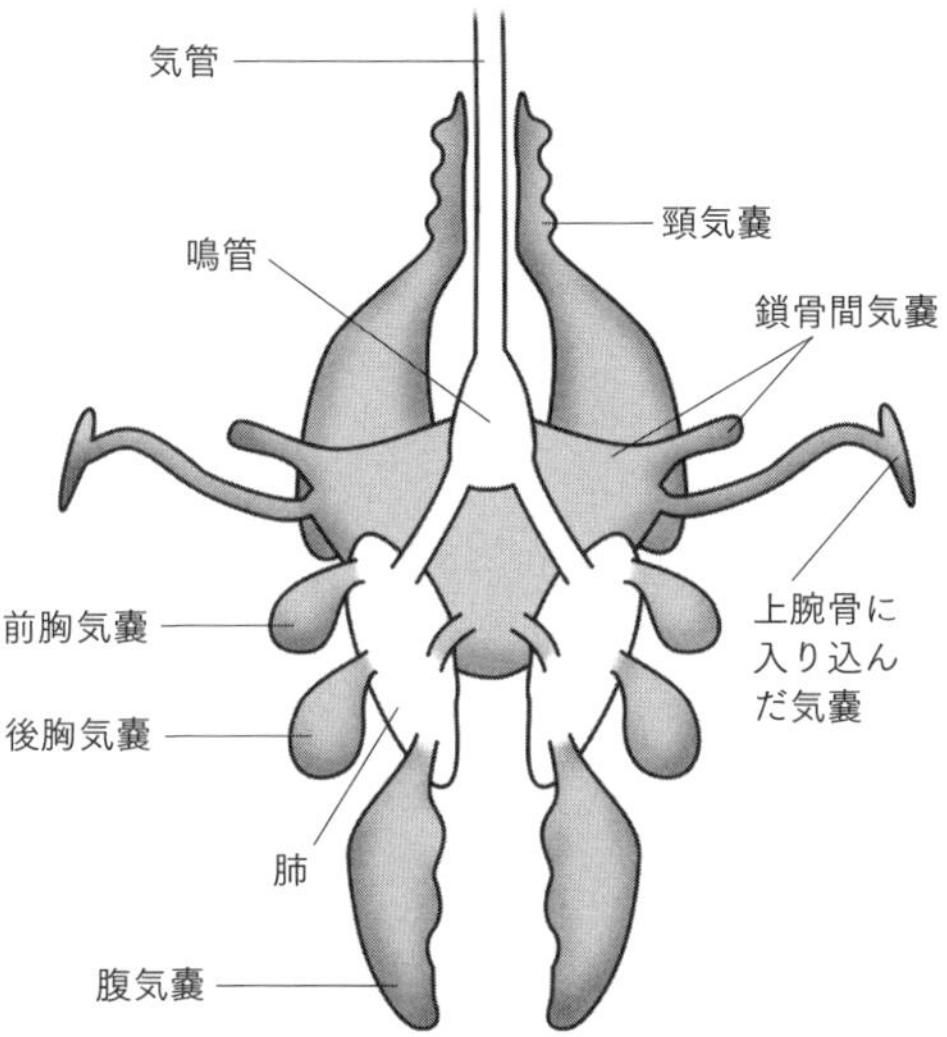

気嚢は、鳥の体内の広い領域に拡がっています。肺の前方にある気嚢を前気嚢、肺の後方にある気嚢を後気嚢と呼んでいます。『動物大百科第7巻鳥類Ｉ』（平凡社）などを参考にイラスト化。詳しい気嚢の働きや構造は、次章で解説します。

図2　鳥の体内の気嚢の配置

恐竜が誕生する以前、地球には酸素が半減した低酸素の時代がありました。その当時に暮らしていた生物は、生き延びて子孫を残すために、より効率的に呼吸できるしくみをなんとかして体内につくる必要がありました。

哺乳類の祖先は「横隔膜《おうかくまく》」を発達させることで、この時期を乗り越えて、私たち子孫にそれ（横隔膜）を残しましたが、鳥類・恐竜の祖先は、肺の一部を体内に向かって拡張させるかたちで気嚢をつくり、危機をしのぎました。両者は、ちがう選択をしたのです。

私たちは、急な気温の変化ほか、さまざまな理由から「しゃっくり」をします。しかし、しゃっくりとは、横隔膜の痙攣《けいれん》であることから、横隔膜をもたない生物にしゃっくりはありません。

興味深いことに、鳥も咳をしたり、くしゃみをしたり、眠くなるとあくびもします。しかし、しゃっくりだけはできないのです。


気嚢はやわらかい組織であるため、化石には残りません。しかし、鳥の祖先である獣脚類の恐竜が、鳥と同じように骨の中にも気嚢が入り込んだ痕跡を残している事実がわかったことから、同じようなしくみを恐竜時代からもっていたことが確実になりました。なお、恐竜の親類すじにあたる空飛ぶ爬虫類、翼竜も気嚢をもっていたことがわかっています。

鳥がもつ「気嚢システム」は、呼吸のしくみとして、哺乳類の「横隔膜システム」に比べて数倍の効率をもちます。欠点が皆無というわけではありませんが、しくみの優劣としては、「気嚢システム」に軍配があがります。ただし、この呼吸方法が完成したのは気嚢ができた時期よりもずっとあとで、気嚢をもった初期の生物は、鳥類ほど効率的な酸素の取り込みはできなかっただろうと考えられています。

恐竜が絶滅し、翼竜も絶滅した空にコウモリが進出して、夜の世界を中心に大きな勢力となりましたが、コウモリの呼吸法は一般的な哺乳類と同じで、鳥類よりも優れているわけではありません。もちろん、数千メートルの高高度も飛行できません。この先、コウモリががんばって進化して、さらなる大繁栄をすることがあったとしても、こうした資質で大きく差をつけられているために、空のシェアを鳥から奪うことは、おそらくないでしょう。

◆卵巣、輸卵管などのしくみ

恐竜は卵生であり、卵は母親の体内でつくられます。これまでに、中華竜鳥（シノサウロプテリクス）などで体内に卵をもった化石が見つかってはいたものの、卵が形成される過程が詳しくわかる化石は発見されておらず、恐竜の体内でどうやって卵がつくられ、どういうサイクルで産卵していたのかは、ずっと謎のままでした。おそらく鳥に近いだろうという推測はありましたが、それを科学的に証明できる証拠は見つかっていませんでした。

この点について大きな前進が見られたのは、二〇〇五年のことです。

「中国・江西省の、およそ一億年から六五〇〇万年前の白亜紀後期の地層から、骨盤内に卵殻に包まれた卵をもつ恐竜化石が見つかった」という報告が米サイエンス誌に掲載されました。恐竜の卵形成や産卵の状況にアプローチできる、待ち望んだチャンスがやっと訪れたのです。

カナダ自然博物館の研究員を中心とする、カナダと台湾の研究チームが発見し、報告した化石は、羽毛恐竜の一員であるオビラプトロサウルス類の骨盤と脚の一部で、その卵は、周囲から滲み出すカルシウムによって卵殻がつくられる、鳥でいうところの輸卵管の「子宮部」に相当する部位にありました。

母親の恐竜は、「さて、これから産卵しよう」というところで、なんらかの理由から亡くなったようです。せめて卵を産んでから死なせてあげたかったと同情もしますが、化石となって貴重な情報を伝えてくれたことに強く感謝したいのも本当の気持ちです。なんといっても、母親の体内で、卵殻に包まれた卵が発見されたのは、これが初めてのことだからです。

卵が置かれた状況は、鳥類の体内の状況ととてもよく似ていました。そこから、卵がつくられる過程やしくみも、鳥類とほぼ同じと推察できました。

現代の鳥類では、右側の卵巣は孵化する前の時点で萎縮してしまうため、成鳥では痕跡程度しかなく、これにより鳥類は一度にひとつの卵しか産むことができません。

一方、今回、オビラプトロサウルス類の骨盤に二つの卵があったことから、恐竜には体内の左右にそれぞれ卵巣があり、二本の輸卵管が総排泄腔につながっていたことが確かになりました。その事実により、鳥の祖先の恐竜は二本の輸卵管で二個の卵をつくり、同時に産卵していたことがはっきりしたのです。

カメなどの爬虫類の体内では、同時にたくさんの卵がつくられて、一度に複数が産卵されるのと対照的に、鳥では輸卵管で一個の卵をつくっているあいだ、ほかの卵はそこを通過しません。詳しい解析の結果、発見された化石の恐竜も同じだったと判断されました。輸卵管内に卵があるあいだ、次の卵はつくられず、産卵して管の中が空になってから次の卵がつくられたようです。

現代を生きる鳥の卵形成のしくみやサイクルをつくったのは、祖先の恐竜たちで、鳥はそれを受け継いでいたことが、ここからあらためて確認されたのです。

2 鳥への変化

軽く。とにかく軽く！

まずは、恐竜が鳥になるにあたって軽量化させた体の各部について、少し詳しく解説してみましょう。ポイントは次のとおりです。

◇口、歯 ↓ くちばし
◇尾 ↓ 尾羽
◇全身の骨 ↓ 数を減らしコンパクトに、中身は空洞に

一方で、軽量化するどころか、逆に大きく重くなった部分もありました。胸骨、胸筋、眼球、脳などがそうです。

鳥の体の完成に向けて、必要な部分は躊躇なく発達させていきました。

◆頭部

恐竜には歯がありました。さらに肉食恐竜では、強い噛む力を支えるために、がっしりとした顎《あご》の骨と、太い筋肉（咀嚼筋《そしゃくきん》）がありました。それらは当然、相当な重量となります。

頭部を軽くするために鳥は、すべての歯と、顎の骨や筋肉の大部分を捨て去ります。口を開閉させたり、くちばしを左右に動かすのに必要な最低限の筋肉だけを残しました。

これは不可逆な進化であり、失ってしまえば、二度と歯をつくりだすことはできません。それでも鳥の祖先は、口を大きく変化させて「くちばし」をつくる選択をしました。

その選択には、もちろん弊害もありました。

人間やほかの哺乳類などは、噛むための筋肉を含めた顔にあるさまざまな筋肉を使って複雑な表情をつくっています。そうした筋肉を合わせたものを「表情筋《ひょうじょうきん》」と呼びます。もちろん恐竜の顔にも、表情筋を含むたくさんの筋肉がありましたが、鳥はそれらのほとんどをなくしたり、縮小してしまいました。町や林で見かける鳥たちが、表情少なく、ある意味、「凛々しく」見えるのには、こうした事情があったわけです。

しかし、顔にさまざまな表情をつくることができなくなったからこそ、鳥は歌やダンスなど、ほかの手段を使って、より高度な自己アピールをするようになったと考えることもできます。それが、行動や習性を含めた「現在の鳥」をかたちづくる大きな要因になっているのだとしたら、くちばしに変化させたことにも、大きな「プラス」があったと考えることができます。

爪と同じケラチンというタンパク質で覆われているくちばしは、表面こそ硬いものの、内部には神経や血管も通っていて、感覚があります。

くちばしで触れることで鳥は、温度や質感、触感などを、かなり細やかに感じ取ることができます。また、その感覚を生かし、尖ったくちばしの先を使って人間の指先を超える繊細な作業もできるようになりました。芸術的な巣をつくる種がいるのも、くちばしがあればこそです。

写真1　鳥のくちばし

さらには、人間の指先の作業が脳の発達を促したように、くちばしで行う作業が鳥の脳の発達に貢献した可能性も否定できません。

一方で、口をくちばしに変えたことで、鳥は「内臓」の一部を作り替えなくてはなりませんでした。歯を捨てた鳥は、「噛む」「噛んですりつぶす」などの能力も失ってしまったからです。鳥がもつ「筋胃」は、噛まずに飲み込んだものを消化しやすくするための、すりつぶす器官として生まれました。

鳥によっては、すりつぶしの補助のために小さな石を飲み込んでいるものもいます。家庭で飼育されている鳥では、カルシウム源として与えている「ボレー」と呼ばれる牡蠣殻《かきがら》を砕いたものを多めに飲み込んで、小石のかわりにすることもあります。


鳥の頭部で、くちばし以外で目立つものに「目」があります。

飛行する生き物である鳥は、視覚をとても重視して暮らしてきたため、目は縮小や軽量化をしていません。逆に、恐竜時代以上に大きくなっていて、頭蓋骨の中のかなりの容量を占めるようになりました。一見、かなり小さく見えている鳥でも、眼球は外から見えている部分の数倍の大きさがあります。

同時に、頭蓋骨の中で大きな容量を占めるのが脳です。鳥になる際に、脳は巨大化し、高機能化しました。鳥が鳥として生きるために、脳の進化がどうしても不可欠だったからです。そして、発達した脳は、のちの鳥たちに人間が予想もしていなかった知性を付与しました。

あまり知られていないものの、そこにはとても興味深い事実が潜んでいますので、本書の後半では大きくページを割いて、鳥の脳がもつ「秘密」を解説してみたいと思います。

◆尾羽

獣脚類の恐竜は、歩行や走行の際に、筋肉質の「尾」を使って全身のバランスを取っていました。また、尾のつけ根から大腿部へと伸びる筋肉が、歩いたり走ったりする際に上手く働いて、無駄なエネルギー消費を抑えた効率的な歩行や走行ができるしくみをつくりあげていたことがわかっています。

もともと、二足歩行の恐竜では、頭部や内臓が詰まった上半身に釣り合う重さの尾が必要でした。高速で走ったり、急な方向転換ができる体でいるためにも、地面に接する後ろ足の真上、すなわち骨盤の中心付近に重心がくる必要が、体のバランス的にあったからです。そのため、太い骨と筋肉が詰まったがっしりとした長めの尾をもっていました。

そんな獣脚類の恐竜が、鳥に向かって進化する過程で、頭部が軽くなり、内臓も足も、体全体の骨も軽量化していくと、恐竜タイプの尾も不要になっていきます。

鳥は、尾の骨を短く詰め、まとめられる骨を一つに癒合させてコンパクト化しました。そのかわり、尾に生えていた羽毛を長く伸ばし、筋肉を使って扇状に拡げられるようにしました。そうする方が、空中での姿勢制御が楽だったからです。

片側に傾けたり、上下させる筋肉は維持しました。軽い羽毛を動かすだけならもとの数百分の一の筋肉で十分だったので、それは軽量化の妨げにはなりませんでした。

こうして誕生したのが鳥の「尾羽」です。

図3　尾から尾羽への進化

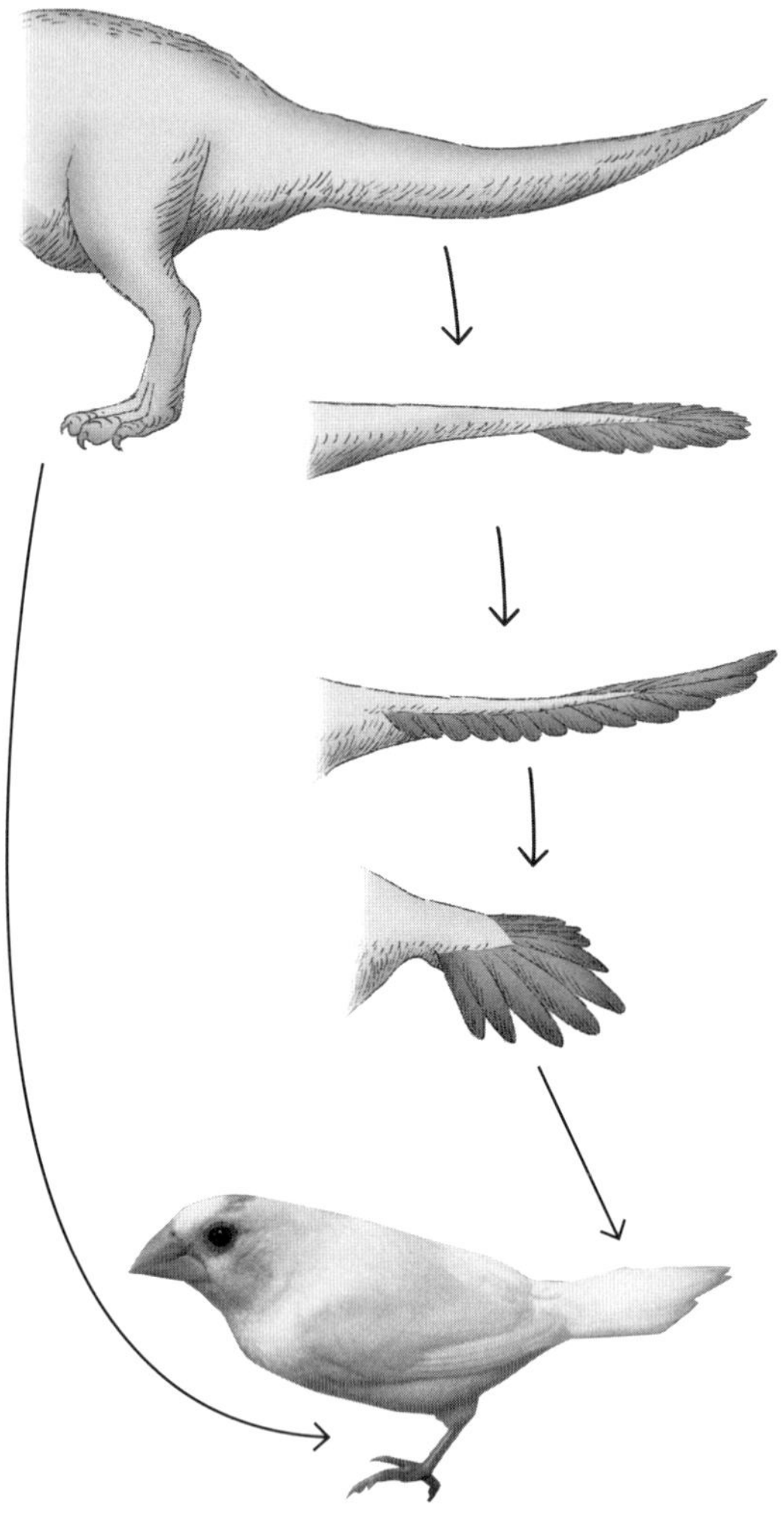

尾から尾羽への進化のイメージ。筋肉→腱にしたことで、足もスリムに変化。

◆腱

がっしりした体格の人がずっしりと重いように、筋肉には「重い」という特徴があります。鳥は鳥になる際、腱《けん》に変えても問題のない筋肉を、細くて軽い腱に変えてしまいました。それが目で見てはっきりわかるのが、細い足です（右図参照）。羽毛に隠れて見えない太股部分にはしっかりとした筋肉がついていますが、脛《すね》から下の部分にはほとんど筋肉はなく、皮膚と骨のあいだにあるいく筋かの細い腱を使って、指の動きなどをコントロールしています。

◆全身の骨

全身の骨も、無駄をそぎ落として、徹底的な軽量化が行われました。たとえば人間の場合、全身の骨の重さは体重の約二割もありますが、空を飛ぶ鳥の骨は体重のわずか五パーセントほどです。一〇〇グラムの鳥がいたとして、その骨の重さは五グラムほどにすぎません。とても軽いはずの体を包む羽毛の方が、実は、すべての骨の合計よりもずっと重いのです。

空を飛ぶ鳥の骨が軽いのは、中がメッシュのようにスカスカの空洞になっているためです。ただし、そこに細い筋交《すじか》いがいくつもあって、内側から骨を支えるかたちになっています。そのため、中身が詰まった骨と比べても遜色のない強度を保てるようになっています。

また鳥は、まとめられる骨をひとつに癒合《ゆごう》させてまとめ、コンパクト化もしました。それが顕著なのが翼の骨と骨盤周辺の骨です。骨が癒合してまとまっているのは、そうすることで骨の強度が高められるためでもあります。また、まとめてしまった方が、中に空洞をつくりやすいということもあります。成鳥となった鳥の上腕骨など、翼上部の太い骨の空洞部には気囊も入り込んでいて、そのスペースの分が軽くなっています。腰部は、胸椎の最後の二個から腰椎、仙椎、尾椎のはじまりの骨までが癒合して「複合仙骨」と呼ばれる大きな骨になっています。

ちなみに祖先の恐竜の化石からも、骨の内部に入り込んでいた気囊の痕跡が見つかっています。また、鳥と同じようなメッシュ状の骨をもっていた恐竜がいたこともわかってきました。

こうしたことから鳥は、骨についても、恐竜から利用価値のある点を引き継いで、より高めて自分の体に取り入れたと考えることができます。

3 鳥類と哺乳類が絶滅しなかった理由

恐竜が絶滅したとき、鳥類と哺乳類の多くも絶滅

鳥と恐竜の関係を知るにつれて、ひとつの問いが浮かび上がってきます。

それは、「なぜ、鳥は恐竜とともに絶滅しなかったのだろう?」という疑問です。

その疑問に対する完全な回答は、まだ見つかっていません。しかし、可能性として、いくつか

の仮説が示されています。そこでは、当時の哺乳類が同じ試練を鳥類とともに生き延びたという事実も、真相にたどり着くためのヒントになると考えられています。なぜなら、当時の哺乳類と鳥類がもっていた資質や特徴にはいくつかの共通点があり、それが絶滅の回避につながった可能性があるからです。

白亜紀の中期から後期、鳥は種の分化が進んで、最初の拡散、多様化が始まっていました。白亜紀の空には、翼竜に混じって鳥類の姿もあったのです。現代に続く鳥の系統のなかにも、中生代のうちに分化、誕生していたグループが複数あると考えられています。

分子生物学的な調査から、ダチョウなどの走鳥類や、ガン・カモ類、キジ類の祖先などが、この時期、すでに生まれていた可能性が指摘されています。ほかにも現代のウのように水中生活に適応した種も現れていました。哺乳類も同様に分化が進み、最初の拡散が始まっていました。

当時の鳥類や哺乳類について誤解されていることもあるので、先にそこを正しておきたいと思います。簡単にいうと、次のとおりです。

・中生代の後半には、哺乳類も鳥類も最初の種の拡散が始まっていた　↓　○
・哺乳類と鳥類の多くが、恐竜などが滅びた大量絶滅期を生き延びた　↓　×

「恐竜や翼竜、魚竜《ぎょりゅう》などの海洋性の爬虫類の多くが絶滅した白亜紀の末に、ほとんどの哺乳類と鳥類も絶滅した」という事実を、まずは受け止めてください。

鳥類と哺乳類の多くの種が生き延びて、現代まで繁栄をつなげたわけではないのです。多くが滅んだなか、たまたま生き延びたごく一部のグループがふたたび勢いを取り戻して拡散し、のちに大繁栄を遂げた、ということなのです。

だとしたら、生き延びた種と絶滅した種を隔てたのは、なんだったのでしょうか?

その理由として最初に指摘されるのが、当時の鳥類と哺乳類の平均的な体のサイズと繁殖スピードです。

白亜紀の鳥はほとんどが小型

鳥は、恐竜から鳥に進化する際に、一度大幅に小型化、ダウンサイジングしています。空を飛ぶ鳥であるためには、地上暮らしの鳥やほかの生き物に比べて、軽く、コンパクトな体である必要があったからです。

最初の種から新たな種が分化して、種数を増やしていった際も、空を飛ぶ鳥の大部分はあまり大きくはなかっただろうと考えられています。現代の鳥と似た様相であるなら、白亜紀の鳥も、多くは小鳥からハトサイズで、大きなものでもせいぜいカラスからトビサイズだったと考えることができます。

化石はあまり多くは見つかっていないものの、ジュラ紀から白亜紀にかけて、現在知られている以上に、小型の恐竜もたくさんいたと推測されています。そうした小型恐竜の平均サイズと比べても、当時の鳥類の平均はさらにはるかに小さく、軽いものでした。

また恐竜には、小さく生まれて成長が速いという特徴がありました。十トンを超える重さにまで成長した巨大な竜脚類の恐竜も、卵から孵ったばかりのときは、わずか数キログラムで、生まれたばかりの人間の幼児とあまり変わらなかったようです。しかし、それが比較的短時間で軽く千倍以上にまで成長していました。

「小さく生まれて成長が速い」という特質は、鳥にも受け継がれていました。今の鳥の成長速度から考えて、恐竜よりもさらにコンパクトな鳥では、白亜紀末期に生きたものでも、卵から孵ってから数週間から数カ月で親と同じサイズになり、半年後〜一年で繁殖も可能になった可能性は十分にあります。

同じ時代に生きた哺乳類も、小型のものが多かっただろうと考えられています。近年、最大で一メートルほどにもなる大型の哺乳類の化石も見つかってはいますが、多くはネズミサイズで、三センチメートルから十五センチメートルほどのものがほとんどでした。恐竜が滅んだ理由の一環に哺乳類の台頭が挙げられることもありますが、白亜紀の時点では、実際にはまだまだ恐竜を脅かすほどの存在にはなれていなかったと考えるのが自然であるように思います。

そんな当時の哺乳類もまた、短い期間で成長できる体を持っていたようです。

隕石の衝突。それ以前より続く巨大噴火。そうした大事件により、地球環境が激変したのは事実です。食料確保が困難な時代に、成長するのに何年もかかる体の大きな生物は不利になります。当時の鳥類は、空を飛ぶ生き物であるという条件などから大きくなれず、片や哺乳類は恐竜という上位の生物がいたため大きな体にはなれず、それゆえにともに少ない食料で生き延びることができました。しかも両者は短い期間で繁殖できた。こうした事実が大量絶滅期にほかの大きな動物に対して優位に働いたのは事実です。

さらに鳥は、それまで生きてきた場所が繁殖に適さなくなったり、餌を確保すること自体も難しくなったり、ほかに危険な因子があった場合は、飛んで適した安全な土地を探すことができました。

ここで挙げたことは、判明している事実から推測されている仮説ですが、さらなる新事実の判明により、より正確な理由を知る日が来ることを楽しみに待ちたいと思います。

なお、取材の際に、進化の末に得たくちばしも、鳥の生存に有利に働いた可能性があるのでは、という示唆を国立科学博物館の真鍋真さんからいただきました。種子食の鳥であれば、食べられる種子を探すことで、厳しい環境も生き延びることができたのではないかという考えです。くちばしであったがゆえに壮絶な絶滅期を生き延びられた鳥種がいた可能性は、たしかにありそうに思います。

4 鳥はどこで進化した？

進化の必然、進化の帰結

進化した環境は、動物の肉体にさまざまな影響を与え、変化を促します。

私たちは、両目でものを見る「両眼視」の生活に慣れ、手でなにかをつかむことにも慣れて、それを当然のこととして受け入れています。二本足で歩くことも、もちろんそうです。

進化した環境から、そうなる（そうできる）方向に、私たちは進化を促されました。つまり、いまもつ肉体のすべてが進化の帰結だということです。

サルから人間へと進化していく過程で、二足歩行をするようになり、完全直立になり、自由になった手でものをつかむことができるようになった。その手で道具をつくり、ついには文明をもつようになったと、学生時代に教わった内容をおぼえている方も多いでしょう。

人間の親指は、ほかの指に対して角度がついた位置にあり、握ろうとすると、ほかの四本の指と向き合う対向指《たいこうし》になっています。これを「拇指対向性《ぼしたいこうせい》」と呼びます。

対向指をもつことで、しっかりものを握ったり、つかんで持ち上げたりすることができるようになったわけです。そんな指も、顔の正面について広い領域を両眼視できる目も、祖先が暮らした「樹上」という場所に適応した結果でした。

人間に至る進化の過程を「霊長類化」と呼びますが、私たちの遠い祖先が「霊長類」という生き物になるべく進化した場所こそが「樹上」でした。

親指が内側に向いた対向指は、〝樹から落ちないように〟枝をしっかり握るために進化したものです。手のひらや足の裏にある指紋、掌紋《しょうもん》は、滑り止めとして発達したのであり、決して、遠い将来に「占い」に利用されるためにできたものではありません。

両眼視できるように目が顔の中央に移動したのも、〝樹から落ちないように〟次の枝までの距離を正確に計測し、把握するためでした。

私たち人間の体が今のようになったのも、手や足が今のかたちになったのも、すべてに理由があるということです。それは私たちにかぎったことではなく、あらゆる動物にいえること。もちろん、鳥もそうです。

樹が鳥をつくる

初期の鳥は地上から飛び立ったのか、樹上から飛び立ったのか。仮説としてはその両方がありますが、樹上説の方が有力ではありますが、脚力を使ってジャンプするようにして地上から飛び立ち、短い距離を滑空したり、羽ばたいて少しずつ飛行距離を伸ばしたのではないかという意見も、完全には否定することができません。

とはいえ、地上から飛び立っていた鳥でも、樹の上に飛び上がり、そこからさらに遠くを目指すことはあったはずで、樹とまったく無関係に生きたとは考えられないのも事実です。

進化したての鳥は、現代の鳥のような自在な飛翔力をもっていませんでした。羽ばたき続ける持久力も不足しています。そのため、未熟な翼でも十分に可能な滑空が、彼らの飛翔の中心だったはずです。

滑空するには高い場所に上がる必要があります。身近な環境で高い場所といえば、樹の上か、崖です。飛行姿勢の制御にもまだ不安が残る鳥の場合、高い崖から飛び降りるのは、樹に登ってそこから滑空するよりリスクが高く感じられたことでしょう。もとより、樹はどこにでもあった一方、崖がある場所は限られてもいました。

また、樹に登るようになり、そこが地上に比べて安全だと実感したり、そこに豊富な食料を見つけて果実も食べられるように変化した鳥が、そこを「生活する場所・眠る場所」と認識するようになるのも自然な流れと考えることができます。

鳥が樹上という環境になじみ適応した証拠を、その「趾《あしゆび》」に見ることができます。樹と関わって暮らす鳥では、指の一本が後側を向くような対向指になり、ぎゅっと枝をつかめるようになりました。サルの仲間の手が対抗指に進化したのと同じように、それは落ちずに安定して樹上で生活するためには不可欠な進化でした。

ちなみに後方に向いているのは、ほとんどの場合、第一指（親指）で、前三本・後ろ一本の「三・一」が鳥の趾の基本形です。このかたちは、「三前趾足《さんぜんしそく》」と呼ばれます。鳥類進化の後半になって登場したインコ類などでは、第四指（薬指）も後ろを向くようになり、前二本・後ろ二本の「二・二」構成になっています。こちらは「対趾足《たいしそく》」と呼ばれます。

走鳥類をはじめとする地上暮らしの鳥の場合、第一指が後ろ側を向くような構造は必要がないばかりか、歩くのに邪魔になる可能性さえもあります。そのため、一本または二本の趾が後ろを向き、ぎゅっと握ることのできる構造は、鳥が樹上に適応したひとつの証拠と考えられています。

なお、そうした鳥の足の裏をじっくり見ると、「掌紋」と呼ばれる皮膚のでこぼこがあることがわかります。人間やサルの手足にある皺《しわ》と同様、鳥の足の裏の掌紋も、樹の枝から落ちないための「滑り止め」です。こうした滑り止めがあるから、夜もしっかりと樹上で眠ることができるわけです。ちなみに、こうした趾はけっこう後になってから獲得した形質のようで、始祖鳥などでは、枝をしっかりグリップできるような指にはなっていませんでした。

ただし、だからといってそれが彼らが樹上生活をしていなかった証拠にはなりません。オシドリはカモ類でありながら、高い樹の洞などに巣をつくりますし、第一指がほとんど退化しているウミネコやユリカモメなども、船のもやい綱の上などに平気で止まっていたりするからです。

飛翔する鳥へのステップ

鳥が飛翔力を強化してきた過程を整理してみましょう。一部で順番が前後したり重なったりするかもしれませんが、おそらく、次のような肉体および能力の変化があったと考えられます。

（1）前肢が翼に変化
（2）樹上など、高い場所に駆け上がるのに前肢の翼を有効利用するようになる
（3）樹から樹へ、枝から枝へ飛び移れるようになる
（4）滑空して高い場所から降りられるようになる
（5）滑空距離が伸び、方向などを意図的にコントロールできるようになる
（6）胸筋・胸骨が発達し、羽ばたき飛翔が可能になる
（7）上昇気流を利用して高度を上げられるようになる
（8）羽ばたきと滑空の組み合わせにより、効率よい飛翔が可能になる

鳥は、生活環境や食性によって飛ぶ場所や飛び方が変わってきます。鳥は地上のさまざまな環境に適応し、その環境に合った飛び方を身につけるうちに、その飛び方に合ったかたちへと翼自

体を変化させていきました。

小さな翼で国内を渡るキジ目のウズラ、滑空に適した細長い翼をもつミズナギドリなどの海鳥、大きく幅のある翼のワシ・タカなどの猛禽《もうきん》類。同じ猛禽類でありながら音を立てずに飛ぶことのできるフクロウ類。〝飛ぶ〟場所を海中に移したペンギンの仲間など、私たちはいま、さまざまなかたちの翼を見ます。

5 鳥の豊かなバリエーション

約一万種の鳥たち

現在、世界にはおよそ三千億羽の鳥が棲んでいます。そのすべてが、六五五〇万年前の大絶滅を生き延びた祖先たちの子孫です。

最小の鳥といわれるマメハチドリは体長が約五センチメートルで、体重はわずか一・七グラムほど。子供の手のひらサイズの鳥です。現在、もっとも大きいといわれるワタリアホウドリは翼を拡げた翼開長が三・七メートルにもなります。

飛ばない鳥の代表であるダチョウは体重が一〇〇キログラムを超えることも少なくありません。

絶滅した鳥まで含めると、マダガスカル島に暮らしたエピオルニス（十七世紀に絶滅）は、最大のもので五〇〇キログラムにも達したと推測されています。

鳥は適応する

鳥が大繁栄をした理由のひとつに「適応力の高さ」があるのはまちがいありません。

羽毛がとても効率のよい保温材・断熱材であることは確かな事実です。そのため、マイナス四〇度にもなる南極大陸にも、鳥は暮らしていますし、空気の薄い高山でさえ、鳥にとっては暮らせない場所ではありません。体内に水のリサイクルシステムをもつ鳥は、乾燥地帯にも適応しています。

祖先である恐竜は地上でこそ支配力を発揮したものの、魚竜や首長竜《くびながりゅう》に阻まれて海に進出することはできませんでした。しかし、鳥はペンギンや絶滅したペンギンモドキ（プロトプテルム科）を含めて、海中の生活にも完全適応しました。

鳥は、敵のいない島など、安定した安全な環境では簡単に翼を退化させ、飛べなくなります。飛翔力を失う変化は比較的短時間で進行します。また、翼の退化は、どんな科・目の鳥にでも起こります。ニュージーランド固有種のカカポ（フクロウオウム）はインコ目ですし、ルイス・キャロルの『不思議の国のアリス』にも登場する絶滅したモーリシャス島のドードーはハト目の鳥です。沖縄の飛べない鳥、ヤンバルクイナはツル目クイナ科の鳥です。

ただ、地球の環境はつねに変化をし続けていて、大気の組成も海面の高さもダイナミックに変化します。いまはツンドラが広がる極地に近い土地まで温暖だった時期もあれば、大きな氷河期もありました。現在は人類の活動のせいで地球は温暖化傾向にありますが、過去にもなんらかの理由によって温暖化し、大きく海面が上昇した時期もありました。過去の温暖化、寒冷化による海面上昇・下降は数百メートルにも及んだことがわかっています。

飛べない鳥の多くは島に生息します。過去に起こった海面上昇によって、だれにも知られることなく絶滅してしまった鳥も、おそらくいたことでしょう。今後も海面上昇は起こりえますし、そうなった場合、ニュージーランドのような大きな島以外の飛べない鳥は絶滅の危機にさらされるかもしれません。

それ以前に、温暖化や寒冷化により植生が変わり、昆虫類などの分布も変わって、食物が得にくくなる事態もありえます。

繰り返される分化と絶滅は、生物としては避けられないことです。それでも鳥類は、恐竜が絶滅したときと同じレベルの事件が起こり、多くの種が絶滅してしまったとしても、生き延びたものが数千万年かけてふたたび繁栄する未来を脳裏に思い描くことができます。

おそらく鳥類は、人類を滅亡に誘うような規模の環境の激変があったとしても、したたかに生き延びることでしょう。

6　DNAの比較調査で大きく変わった鳥類の分類

鳥の最新分類

かつて、鳥の種の分類は姿かたちや行動などを吟味して決められていました。そうする以外、方法がなかったからです。しかし、分子生物学的な調査から、それぞれの種の遺伝子のちがいを調べ、遺伝子的な距離を確認したり、種や目が分岐した時期を推測することが可能になったことで、鳥の種分類は大きく修正されました。新しい分類ではかつての常識が完全に否定されたところもあり、興味深いデータが示されました。

もっとも研究者を驚かせたのが、ハヤブサ類はワシやタカなどの仲間ではなく、インコ目やスズメ目に近いグループだったという事実でした。

近い環境で同じような暮らしをしている生物は形状が似てきます。それは、進化の収斂《しゅうれん》と呼ばれます。ウミガメとペンギンの前肢がとても似ていることなどがそのよい例とされますが、ハヤブサ類もワシやタカと似たように暮らしていたことから、似た姿となり、古い分類では近縁の存在と思われていたということです。

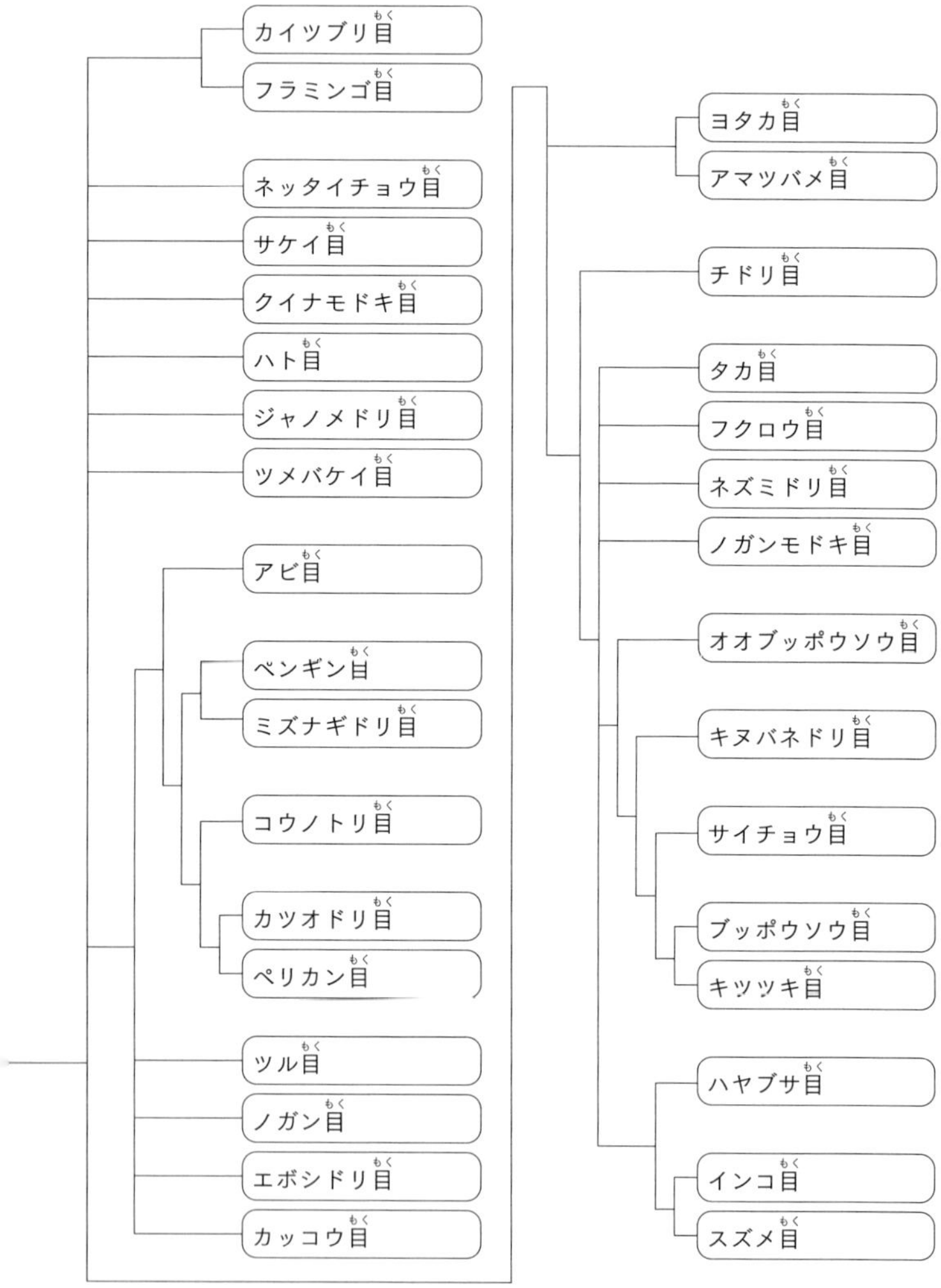
カイツブリ目《もく》
フラミンゴ目《もく》
ネッタイチョウ目《もく》
サケイ目《もく》
クイナモドキ目《もく》
ハト目《もく》
ジャノメドリ目《もく》
ツメバケイ目《もく》
アビ目《もく》
ペンギン目《もく》
ミズナギドリ目《もく》
コウノトリ目《もく》
カツオドリ目《もく》
ペリカン目《もく》
ツル目《もく》
ノガン目《もく》
エボシドリ目《もく》
カッコウ目《もく》
ヨタカ目《もく》
アマツバメ目《もく》
チドリ目《もく》
タカ目《もく》
フクロウ目《もく》
ネズミドリ目《もく》
ノガンモドキ目《もく》
オオブッポウソウ目《もく》
キヌバネドリ目《もく》
サイチョウ目《もく》
ブッポウソウ目《もく》
キツツキ目《もく》
ハヤブサ目《もく》
インコ目《もく》
スズメ目《もく》

図4　現生鳥類の最新分類

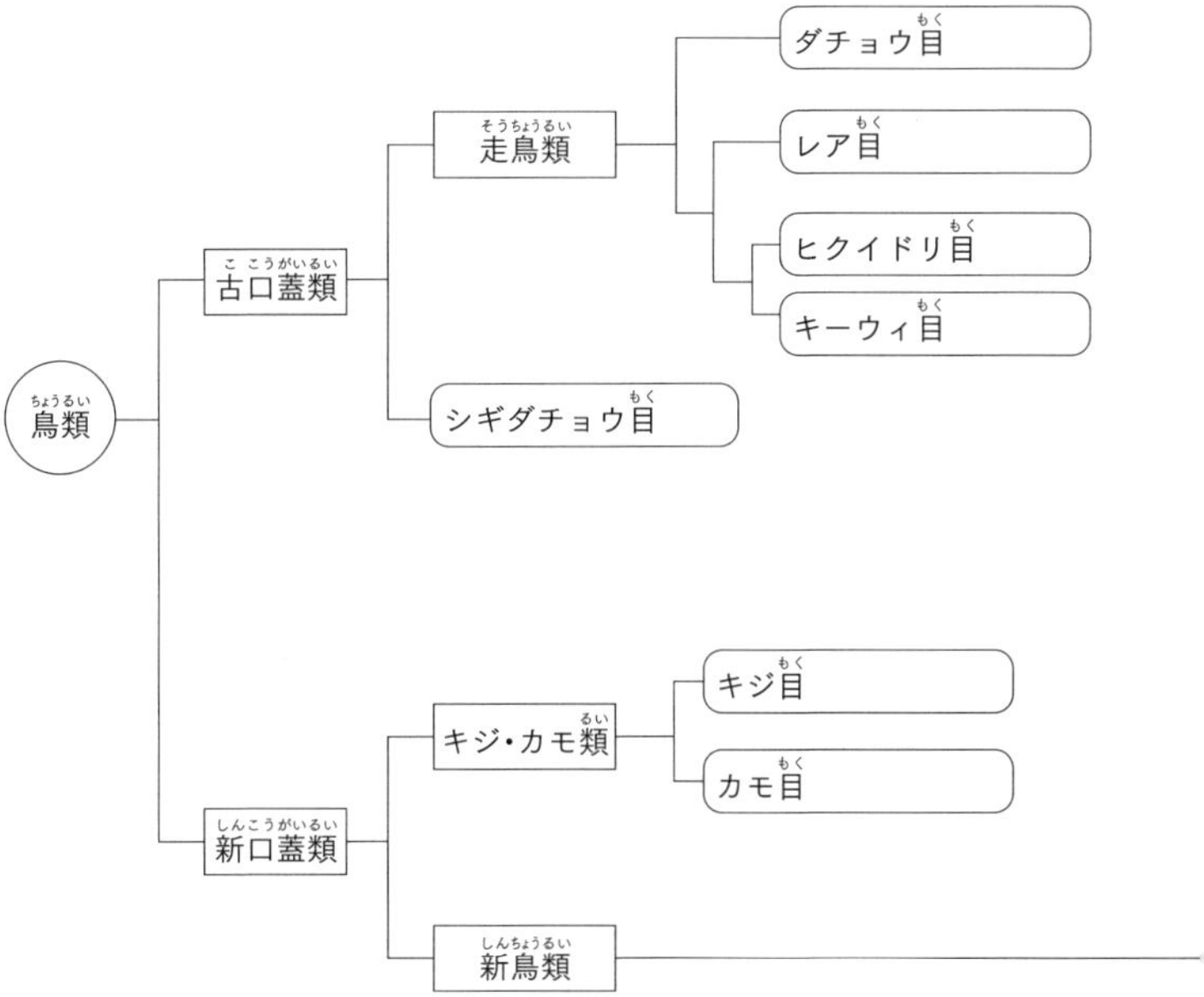

鳥類のDNAの比較調査は、今後も行われていきます。それによって種の分化のタイミングなども、もっとよくわかってくるはずです。示された意外な結果に驚かされることも、きっとあるでしょう。そうした報告に、今後も注目をしていきたいと思います。

7 消えた「恐鳥」

束の間の支配者

地上では恐竜や翼竜が絶滅し、海では魚竜や首長竜が絶滅したあと、かつて恐竜が占めていたポジションをめぐって鳥類と哺乳類のあいだに争いが起きていました。

これまで解説してきたように、鳥は肉食恐竜の直系の子孫です。そして、わずか五百年前まで生きていた巨鳥モアの例もあるように、飛ばない鳥は容易に巨大化もします。

ニュージーランドに生息したジャイアント・モアは体高が三・五メートルもあり、メスでは体重も二〇〇キログラムを超えました。マダガスカル島に生息し、十八世紀に人間に絶滅に追い込まれたエピオルニスはさらに重く、体重が五〇〇キログラムに達するものもいたようです。

恐竜がいなくなった世界に、肉食で巨大な地上性の鳥類が現れました。現在、彼らは恐竜を倣って「恐鳥《きょうちょう》」と呼ばれます。およそ二千万年間ほど、地球の生態系の頂点に立ち、我が世の春を謳歌したようですが、ネコなどを含む食肉目の祖先にあたる肉食哺乳類の「肉歯目《にくしもく》」などが徐々に進化し、勢力を拡大すると、生活圏と支配力を少しずつ奪われて衰退していったと考えられています。

恐鳥類には、ディアトリマ、フォルスラコスなどの種が知られています。

代表的な恐鳥、ディアトリマ。同じ恐鳥類のフォルスラコスは少なくとも今から500万年前まで生き延びていたことが判明しています。

図5　代表的な恐鳥、ディアトリマ

恐鳥のほとんどは新生代の半ばには絶滅してしまいますが、ほかの大陸から隔絶されていた南アメリカではその後も生き延び、北アメリカと陸続きになったあとに南下してきた肉食の哺乳類に滅ぼされるまで、今から五〇万年ほど前まで、追われて移動した北アメリカの一部の土地で生き残っていたことが化石からわかっています。

なお、恐鳥類が鳥類のどの種と近縁なのか、いつ近縁種から分かれて誕生したのかははっきりとはわかっていませんが、フォルスラコスに関しては、ノガンモドキと近い生態をしていることから、ここから分かれて誕生したという説が出されています。

ただし、現時点では、恐鳥として知られるすべての鳥が同じ目、同じ科から生まれたと断定されたわけではありません。ディアトリマについては、カモ・キジ類と関係があるとする主張もあります。

恐竜のように長く栄えることなく、生存競争に負けて消え去ってしまった恐鳥類を、鳥のなかの「徒花《あだばな》」と揶揄する声もありますが、彼らが数千万年のあいだ栄え、ひとつの時代を築いた強者だったことはまちがいなく、滅び去ったことを惜しむ声も強くあります。

第3章　飛ぶために進化した体

1　進化の選択がまわりまわって幸運を呼んだ？

鳥の選択

「なにかを得るためには、なにかを捨てなくてはならない」

生物の進化を語るとき、この言葉の重さを、あらためて実感することになります。脊椎動物が陸上で進化を始めた際、「四肢動物」＝「前肢が二本、後肢が二本」という大きなルールができました。環境に合わせて、さまざまな変化は許されるものの、肢《あし》の数を増やすことはできません。

世の東西を問わず人間は、古くから鳥に憧れ、鳥のような翼をもちたいと願い続けました。そんな願いを反映した神話や伝説があまたあり、憧れは絵画などにも残されています。そこに見るイメージの多くは「便利な手は残したまま背中に翼をもつ」というものでした。

しかし、進化を司る神は首を振ります。「それは、ルール違反。なにかをつかんだり、抱きしめたりできる手か、空を自在に飛ぶ翼か、どちらかを選べ」と。

鳥が進化にあたって選択したのは、そういうことです。

ただ、二足歩行の恐竜が鳥へと進化を始めた際、当の恐竜は人間のように前足をさまざまに活用していたわけではなく、ティラノサウルスの小さな手やモノニクスの指だけになってしまったような前足を見ると、どちらかといえば「手」はあまり重要視されていなかったようにも見えます。絶対になくてはならないもの、という印象はありません。

鳥になる以前の恐竜が、前足に色のある羽毛をつけて異性へのアピール（繁殖行動）に使っていた可能性は多分にあります。小型の恐竜が、樹を駆け登るときの手助けとして翼のある前足を利用していたのも、おそらく事実でしょう。一方、大型の恐竜はというと、重すぎて樹には登れなかったうえに、前肢にある羽毛は装身具として機能はしたものの、獲物を追いかけて走るのに役立ったようには見えません。逆に翼に近い形状では、生え方によっては空気抵抗が大きくなり、走りにくくなった可能性さえあります。

これはひとつの仮定——想像ですが、鳥の祖先の恐竜が、なんらかの要因から、ものを上手く握ることのできる手や指、抱きしめることのできる柔軟な腕を先に身につけていたとしたら、人間が手を手放したいとは思わないように、彼らはその便利な「手」を「翼」にしようとは思わなかったのではないでしょうか。その場合、前足は翼には進化せず、鳥は生まれなかったかもしれません。そう思えます。

しかし、結果として羽毛をまとった獣脚類の恐竜は、前足を「手」に進化させることなく、「鳥」の方向に進化する選択をして、完全な翼を得て鳥になります。

その際に「飛ぶための肉体」になるように大幅に体の構造を変え、体重を数分の一から数十分の一に減らします。そして、小さな体になって体重を減らしたことで、生活の大部分を「樹上」で過ごすことも可能になって、樹とさらに深く関わるようになります。

樹上の鳥のくちばしと趾

樹上になじんだ鳥が変化させた部位のひとつに、後ろ足の指——趾《あしゆび》があります。安定して樹上に留まるために、枝をしっかり握ることのできるグリップ力の強い指になりました。獣脚類の恐竜として地を歩いていたときは十分に機能していなかったことも多かった趾の一本（大体は親指）が完全に後ろ向きの指となり、長く伸び、必要な筋肉が備わって、「つかむ」ことが可能になりました。

それからさらに何千万年か経ったとき、オウム・インコ類などでは、片足で枝をつかんだまま、もう一方の足の指でなにかを握って、たとえば口に運んだりすることもできるようになりました。これは、のちに私たち霊長類がたどった進化でもあります。

もうひとつ。鳥は、鳥になる過程で得たくちばしが、食べたり、羽繕《はづくろ》いするだけでなく、持ったり運んだり、そのほかの細やかな作業にも向いていることに気づきます。

人間の手は、さまざまな作業をするために、いまのようなかたちや機能に進化したわけではありません。樹上で進化した結果として得た手が、実は便利に使うことのできるものであることに気づいたことで、道具をつくったり使ったりできるようになったわけです。

それと同じように、作業する目的でできたわけではない「くちばし」が、実はいろいろと役立つことに気づいて、鳥はさまざまな目的、手段に使うようになりました。最終的に一部の鳥は、片足とくちばしを使えば、道具の製作など、きわめて高度な作業ができることに気づきます。それは、ある意味、人間が両手を使って細やかな作業をするのと等しい行為です。

「便利に暮らすために、あるもので代用する。自身がもつ肉体資産は十分に使いこなす」

これもまた、進化のなかで生物が選んできたことです。

「手」の便利さを知らずに、あるいは知らなかったがゆえに前足を翼に進化させた鳥も、最終的にくちばしと趾を上手く使うことで、手や指がする作業に相当する作業が可能になりました。そしてそれは、鳥の進化に大きな意味を与えることになりました。

鳥は哺乳類に匹敵する大きな脳をもち、さまざまな知的な行動を見せてくれますが、鳥が「くちばしと趾を上手く使えるようになったこと」と彼らの「脳の進化」は無関係ではありません。ある意味、遠回りはしたものの、結果的に手に相当するものと翼の両方を得ることになった鳥

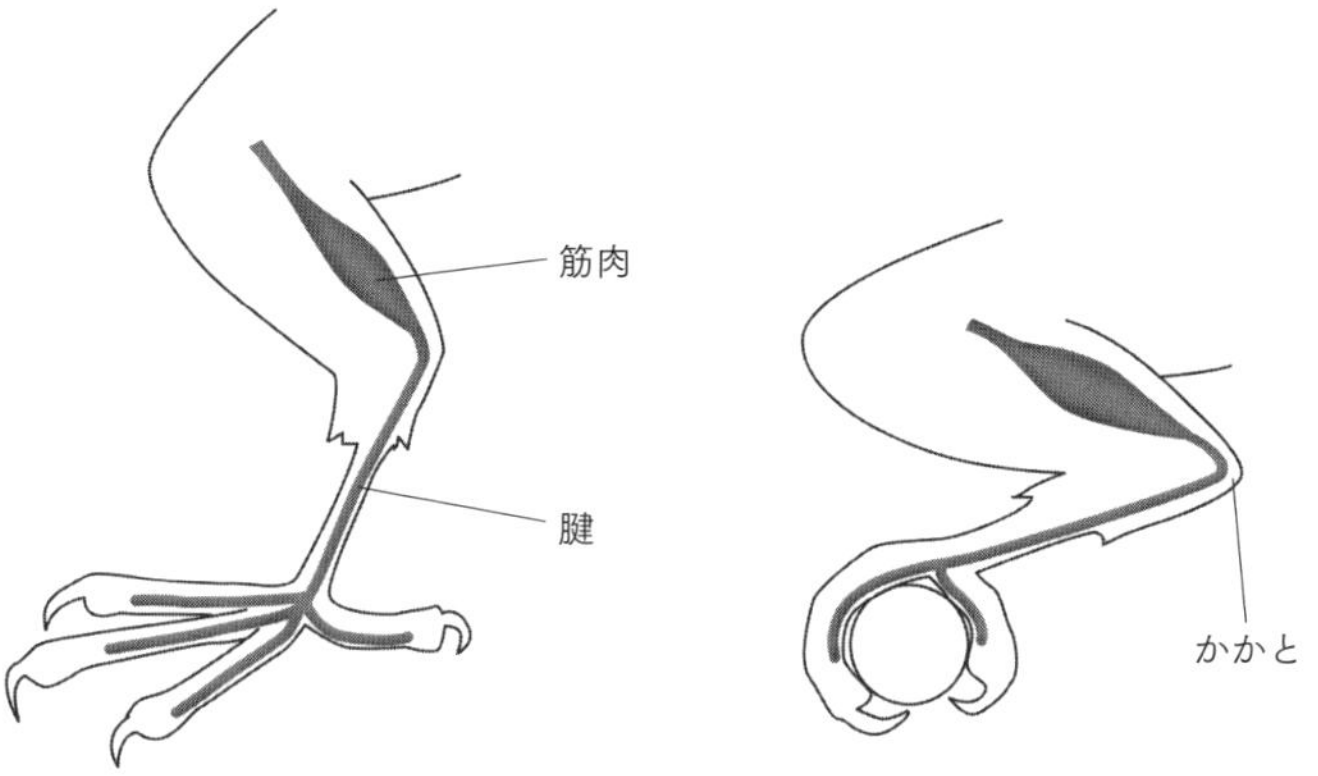

ふくらはぎから連続する腱が趾までつながっているため、鳥がうずくまるように体を落とすと、自動的に趾は止まっている枝を強く掴むようになります。熟睡しても、そこから落ちることがありません。

図1　鳥が樹上で休めるしくみ

は、哺乳類以上の進化の「勝ち組」といえるのではないでしょうか。かつて人間が望んでも手に入らなかったものを、鳥はすでに手に入れているのですから。

鳥が樹の枝に止まるしくみ

鳥が樹上で落ちずに眠れるしくみのことも簡単に解説しておきましょう。

鳥は自身を軽量化するにあたって、腱に変えても困らない筋肉は腱に変えてしまいました。それが顕著に見られるのが足首から下の部位です。

鳥が休もうとして体の力を抜くと、膝が曲がり、足首の位置が下がります。鳥の足では、ふくらはぎから続く筋肉が足首以降で腱になっていて、それぞれの指までつながっています。足首が下がると、その腱が引っぱられて自動的に指がぎゅっと締まるかたちになっています。これが鳥が枝から「落ちない」しくみです。

2 なぜ「くちばし」になったのか

鳥が口をくちばしに変えたのは、軽量化のためでもあることは確かです。くちばしの中身も頭蓋骨から続く骨ではありますが、くちばし部分の骨は薄く、他の主要な部位と同じように、中に筋交いのあるスカスカの構造です。さらに、くちばしの内部には「眼窩下《がんかか》洞《どう》」という大きな空洞があり、首の気嚢とつながっています。

哺乳類の口と大きくちがっているのは、下あごだけでなく、くちばし上部本体である上あご部分も独立した骨になっていて、上下のくちばしを大きく開けられること、上下を器用に動かすことで複雑な動きが可能になったことです。くちばしを動かす筋肉はけっして太くはないものの、複数あって、左右、前後に細やかに動かせるものとなっています。

鳥へと進化を始めた祖先の獣脚類が口の構造を変えつつあった当初は、くちばしがこんなに高機能になるとは予想もしなかったことでしょう。

完成された鳥のくちばしには、次のような機能があります。また、くちばしは、人間が予想しないほどの高度な複合情報を脳に送る精密な機械であり、センサーになっています。

◆くちばしのもつ機能

◎羽繕いをする
◎食べる
○割る・潰す・壊す・剥がす・突く・突き刺す
○ヒナやつがい相手に給餌する
◎舌などとセットで、「固さ・やわらかさ、質感、触感、温度、味」などを感じる
◎持ち上げる
○保持する
○自身を支える（インコ類などは、ぶら下がる自身の体さえも支えます）
○手のように、移動の補助に使う
○ピンセットのように使い、微細な作業をする（巣づくり、ほか）
○持って、投げる、落とす

ここで挙げたもののうち、「食べる」「感じる」「羽繕い」「持ち上げる」がくちばしの四大機能ですが、相互に深く関係するものも多くあります。

たとえば生まれたばかりの雛への給餌は、神経をつかう精密作業でもあります。わずか二、三グラムで目も開いていない小さなヒナ鳥のくちばしの中に正確に食べ物を入れていく親鳥。自身が親鳥になって作業をする想像をしてみると、その大変さがイメージできるはずです。

羽毛は一年に一、二度、自然に生えかわるとはいえ、自在な飛翔力や保温力を維持するためにはかたちを整え、きれいに保つメンテナンスが必須です。そのため鳥たちは毎日の手入れを欠かしません。そしてその行為は、微細な作業ができるくちばしがあればこそです。

ほとんどの鳥の腰部には尾脂腺《びしせん》と呼ばれる脂を分泌する腺があり、羽毛の汚れ防止、撥水などを目的に、鳥はその脂をくちばしで搾り取って羽毛に塗りつけています。

初期の羽毛恐竜にくちばしはありませんでした。そして、彼らの口は、羽毛のメンテナンスに向いたものでもありませんでした。そこから予想できることは、羽毛恐竜の多くは自身の羽毛を鳥のように羽繕いはしなかった（できなかった）だろうということです。

そうした事実から考えていくと、鳥に進化した際、鳥が口をくちばしに変えたのは、軽量化に加えて、「羽毛を効率よく、きれいにメンテナンスするために先端の尖ったピンセットのような口が必要となり、結果的に口をくちばしに進化させる必要があったのではないか」と思えてきます。それも、くちばしがつくられるようになった理由のひとつと考えていいように思います。

「食べる」「感じる」「羽繕い」「持ち上げる」がくちばしの四大機能です。

図2　くちばしの四大機能

鳥の進化・分化のなかで、くちばしの利用方法にもさまざまなステップアップが見られました。しっかりした構造の巣をつくるのはもちろん、アズマヤドリ（東屋鳥）やニワシドリ（庭師鳥）のように、メスに気に入ってもらえるような構造物をつくって自分の魅力をアピールするなど、高度な建築技術や芸術を、くちばしを使った微細作業でなしとげられるようになった鳥もいます。こうした複雑なくちばしの作業が、鳥の脳に発達を促すような大きな刺激を与え続けたことは確かです。

インコ・オウム類では、持つ、投げる、つかむ、移動の補助など、霊長類の手のようなくちばしの使い方も見ます。さらにその延長として、遊びへの活用も観察されます。脳の発達が著しいカラスの仲間にも、くちばしを使ったさまざまな遊びの例を見ることができます。

3 変化した骨

含気骨で軽量化

鳥が全身の羽毛をくちばしで器用に羽繕いする姿を見て、「なんてやわらかい体だろう」と思った人は多いかもしれません。しかし、実際に柔軟なのは首だけで、鳥の体幹に動かすことのできる部分はほとんどありません。「腰を曲げてかがむ」など、鳥には不可能ですし、「上半身をひねる」ようなことも、もちろんできません。

鳥は、一体化が可能な骨は癒合《ゆごう》させてひとつにまとめ、さらに大きな骨は内部に空洞をつくる「含気骨《がんきこつ》」と呼ばれる構造になっています。徹底した軽量化をはかりつつ、折れたりつぶれたりしない強度を骨に求めた結果、柔軟性に欠けた「硬い体」になってしまいました。

先にも解説したように、含気骨は恐竜から引き継がれたものですが、鳥はさらに限界まで軽量化を進めた結果、骨の重さは全体重の五パーセントほどしかなくなってしまいました。

そのため、一〇〇グラムの鳥の骨は約五グラム、二キログラムの鳥でも一〇〇グラムくらいで

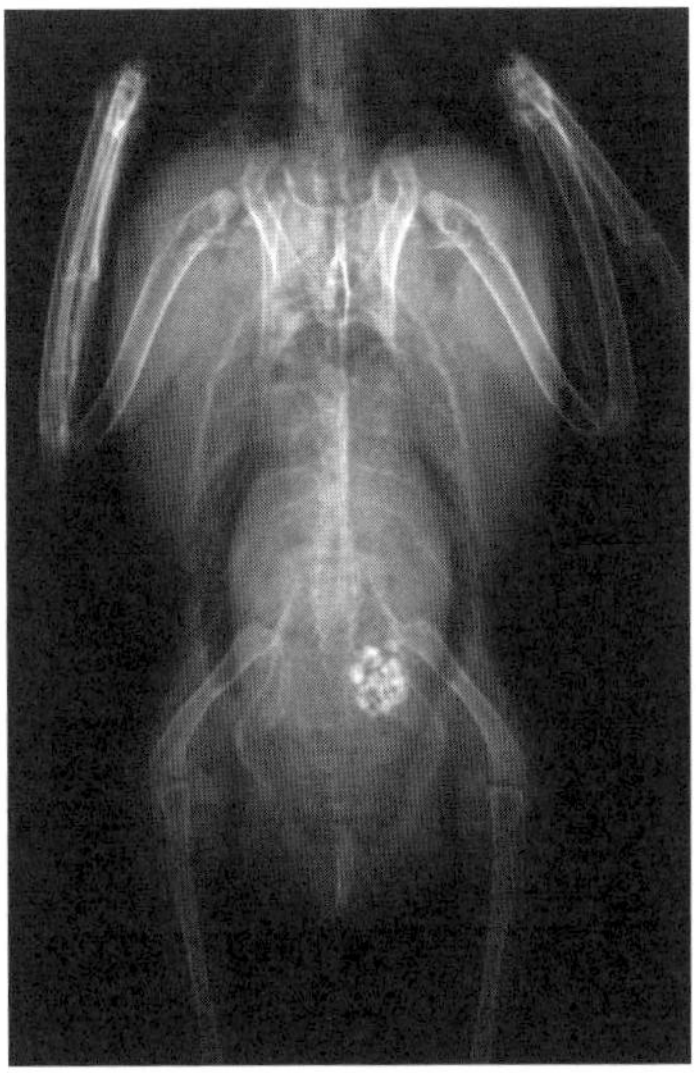

写真1　含気骨
オカメインコ骨格のレントゲン写真。上腕骨の内部など、黒っぽく見えている部分は空洞です。

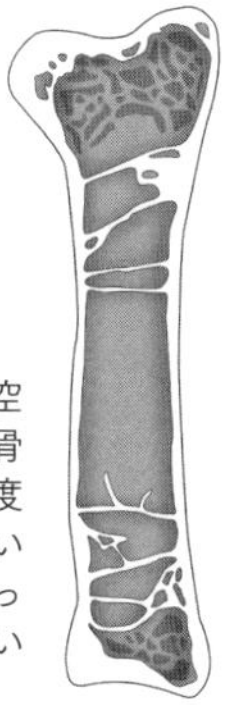

図3　スカスカの骨
鳥の主要な骨の内部は空洞になっていますが、骨の先端部を中心に、強度を維持するために筋交いのような細い繊維があって内側から骨を支えています。

す。

　ただしこれは飛ぶ鳥の場合で、水中を泳ぐペンギンや陸上を駆けるダチョウなどの骨は密に詰まり、哺乳類と同じくらいの重さがあります。ちなみに体重が三キログラムの猫の骨の重さは約四〇〇グラムですから、鳥の骨がいかに軽いかが、ここからもわかると思います。

　とはいえ大きな骨をただ空洞にすると、強度が下がって骨折の危険も増えます。そのため鳥は、内部に細かい筋交いをつくって、骨を強化するようにしました。これにより、内部が密に詰まっていなくても、哺乳類の骨と同じくらいの強度が維持できるようになりました（図3）。

　そんな中空の骨にも、実は意外な使い道があります。鳥のメスはカルシウム主体の硬い殻に包まれた卵を産みます。そのため産卵直前のメスは、通常よりも多めにカルシウムを摂取して体内に溜め込まなくてはなりません。その場所が「髄空《ずいくう》」と呼ばれる骨の空洞というわけです。

鳥の体は極限までコンパクト化されているため、なにかを溜められるような余剰なスペースは、体内にはほとんどありません。もともとカルシウムでできている骨の内部が、うってつけの場所なのです。掲載した鳥のレントゲン写真（写真1）の白い部分が骨です。骨の内側の黒っぽく見えるところが髄空ですが、メスはこの空洞をカルシウムの貯蔵場所として活用するため、産卵期のメスを撮影すると骨全体が白く写るようになります。恐竜のメスでも、産卵前に骨が鳥と同じような状態になっていたことから、そうした骨の主をメスと判断しています。近年、恐竜化石で雌雄が判定できるものが増えてきたことには、こうした理由もあります。

それでもくちばしはあらゆる場所に届く

一見、首が短く見える種を含めて、鳥類の多くは、体のほとんどすべての場所にくちばしが届く、〝長く〟、〝柔軟な〟首をもっています。

これも鳥に進化してから得た特徴のひとつで、広い意味で「鳥」の仲間に含められる始祖鳥などの恐竜にも、「長い首」「柔軟な首」という特徴はまだありません。羽毛恐竜では、羽毛があるすべての部位に口は届いていなかった、それゆえ、くちばしの構造のあるなしにかかわらず、十分な羽毛のメンテナンスはできていなかったということになります。

　飛ぶための体に進化する過程で骨の癒合が進んでいくと、柔軟性が低く短い首では、口やくちばしが届く体の領域がどんどん狭くなっていきます。その一方で、飛翔力維持のために、羽毛をつねにフレッシュな状態に留めておくことが、きわめて重要になってきます。

　鳥にとってくちばしが届かない部分が体の中に広くできてしまうのは、非常に大きな問題だったため、背中や尻にもくちばしが届くように体の中でもっとも可動性の高い首を伸ばし、柔軟にする進化が起こったと考えられています。

　哺乳類の場合、首の骨、頸椎《けいつい》の数は一部の例外を除いて、つねに七個です。首が長いキリンも、短いゾウも、人間も七個で、骨一個の長さを変えることで、首を伸ばしたり縮めたりしています。

一方、鳥類種では、必要に応じて頸椎の数を増やすことが可能になっています。

なぜ哺乳類が七個に固定されるようになったのかは不明ですが、頸椎の数を自在に増やせる遺伝子は、恐竜もそれ以前の生物ももっていました。たとえば、獣脚類のシノサウロプテリクス（中華竜鳥）には十個の頸椎がありましたし、首の長い竜脚類のマメンチサウルスは十九個の頸椎をもっていたことが化石から確認されています。

　現生鳥類を見ると、頸椎はセキセイインコで十二個、ハトが十二～十三個、ニワトリが十四個、改良種であるアヒルを含むガン・カモ類が十四～二十五個もあります。鳥類で最大なのがハクチョウで、二十五個の頸椎をもちます。つまり、鳥類は哺乳類の二～三倍の数の頸椎をもつということです。

しかもどんな鳥も、真後ろを含めたあらゆる方向に自在に首を曲げることができます。くちばしが届かないのは、自身の後頭部のみであることから、親しい相手にこの部分の羽繕いをしてもらうことが、鳥にとっての重要なコミュニケーションとなっています。

4 羽毛の話

羽毛はウロコが変化したもの

鳥の羽毛は、鳥の祖先が皮膚にもっていた「ウロコ」が変化したものです。トカゲのウロコにも似た足の甲や趾《あしゆび》のウロコ、脚鱗《きゃくりん》が、鳥の羽毛の原点です。

どこを羽毛にして、どこを無毛部に、どの部位にはっきりとしたウロコを残すかは、種ごとに遺伝子に刻まれています。つまり、ある部位の遺伝子のスイッチがオンまたはオフになることで、羽毛ができたり、ウロコになったり、ウロコが目立たない皮膚になったりするということです。

たとえば、寒冷な場所で生きるライチョウでは、ほかの鳥では見られない足の甲から指にまで羽毛が生えていて、ほかの鳥より保温効果の高い体になっています。

わざわざ「羽毛」という言葉が使われるように、鳥の羽毛には哺乳類の「毛」とは大きな構造上のちがいが存在します。簡単にいうと、イヌの毛、ネコの毛、人間の髪の毛など、哺乳類の毛は中心部まで密な構造であるのに対し、鳥の羽毛はその芯の部分が中空です。大型鳥の大きな風切羽でさえ、とても軽く感じられるのは、中身が「身」ではなく「空」だからです。

また、鳥の羽毛も哺乳類の毛も、形作っているのはともに「ケラチン」というタンパク質ですが、異なる材料と指摘できるほどに両者の分子構造は大きくちがっています。

鳥の羽毛は、生えかけの形成途中の段階では、中に血管が通った生きた組織でした。羽芽《うが》として皮膚が盛り上がるかたちで成長を始め、羽毛として完成した時点で、血管組織などは後退して、羽毛はそれ以上成長したり変化したりしない死んだ組織となります。

それゆえ、不要になったときは抜け落ち、まさかの際も、骨あるいは皮膚から抜けるわずかな痛み以外は感じることなく、羽毛だけを残して鳥は逃げ去ることができるわけです。

羽毛の種類

鳥の羽毛は大きく分けて三種類あります。体の表面を覆う正羽《せいう》、正羽と皮膚のあいだにあっておもに保温や断熱効果を担う綿羽《めんう》、一本の毛のような糸状羽《しじょうう》（毛羽《もうう》）です。

タンポポの綿毛のようとも形容される、硬い羽軸がほとんどないふわふわの綿羽は、いわゆる「ダウン」。その名前の響きから、保温力の高さをイメージとして実感できることでしょう。ヒナ、ヒヨコの体を覆っているのも、このタイプの羽毛です。なお、大部分が正羽で、根本付近だけ綿羽になっている羽毛は半綿羽と呼ばれます。

糸状羽《しじょうう》はひっそりと全身に生えていて、周囲の羽毛の状況や状態をモニターしています。飛翔時には、その感覚が筋肉にフィードバックされて微細なコントロールにも生かされます。

くちばしの横や目の下方などに生えている剛毛の毛羽は「ヒゲ」とも呼ばれ、風圧などを感じるセンサーとして機能する一方、一部の鳥では目を保護する役割も担っています。ヒゲはフクロウ類のほか、ツバメやオオルリなど、昆虫を捕える鳥で発達しています。なお、一部の鳥の糸状羽のなかには、途中から若干の羽枝が飛び出たようなかたちの立体的なものもあります。

一般に鳥の羽毛として知られているのが正羽（フェザー）です。正羽には「羽軸《うじく》」と呼ばれる硬めの中心軸があり、そこから左右に平行に「羽枝《うし》」が広がり、さらにそこから生えた細かな「小羽枝」が規則正しくつながって、一枚構造に見える羽毛をつくりあげています。羽軸の左右に広がる平らな部分は「羽弁《うべん》」と呼ばれます。

小羽枝の先端部分などにはフック状の鉤《かぎ》があり、近くの小羽枝に引っかかるかたちでつながり、全体としてきれいな一枚の羽毛になります。ぼさぼさに見える羽毛はこの鉤が外れた状態で、鳥はそうした乱れた羽毛が気になって、すぐに直そうとします。くちばしを使い、本来あるべき状

図4　おもな羽毛のタイプ

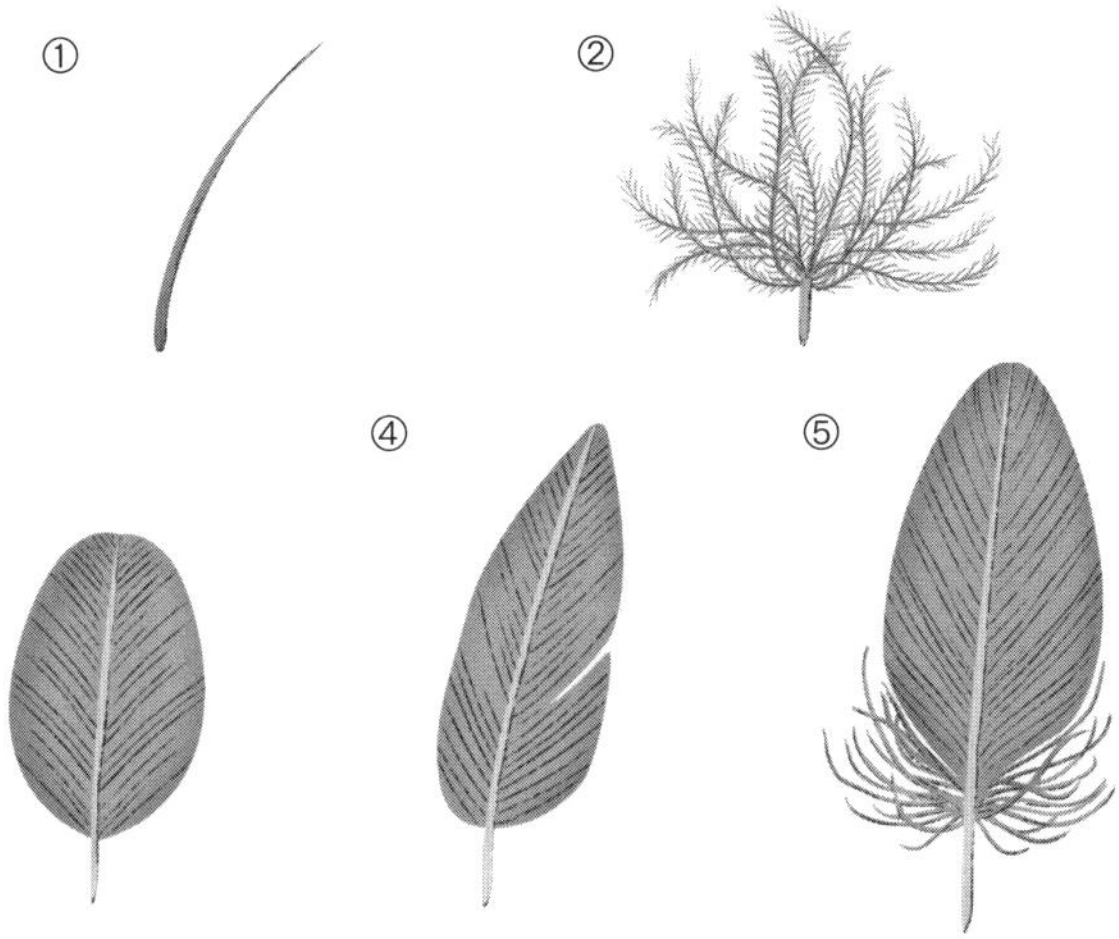

①糸状羽（毛羽）　②綿羽　③・④正羽　⑤半綿羽

表1　羽毛の種類と役割

正羽	鳥の全身を覆う羽毛。翼および尾の正羽で飛行のコントロールをするほか、体表の保護、撥水、汚れ防止などを担う。 翼の正羽は、風切羽、雨覆羽、小翼羽など。
綿羽	おもに保温に利用。
半綿羽	一枚の羽毛が、正羽＋綿羽のかたちに。
糸状羽	正羽の状況、状態を常時監視するセンサー。 顔面にある剛毛は風圧センサーであると同時に、一部の鳥では目の保護も。

態にきれいに羽毛を直すことが、鳥の「羽繕い」の原点です。

飛行の要であり、鳥の羽毛のなかで最大となる風切羽や尾羽も正羽です。体の表面を覆う体羽が皮膚から生えているのに対し、強い羽ばたきや方向コントロールのために加わる強い力に耐えられるように、風切羽は翼の骨から直に生えています（図5参照）。

なお、飛行能力のある鳥の風切羽や尾羽には「ねじれ」があり、また、羽弁の左右の長さと形が異なるなど非対称になっています。ジュラ紀に生きた始祖鳥の風切羽も現代の鳥のような非対称の構造をしていたため、飛翔力があると考えられて「始祖鳥」という名が与えられる大きな根拠となりました。

ちなみに鳥の羽毛の数は一定ではありません。体のサイズや生息環境、生活スタイルに合わせて、進化のなかで形状や大きさだけでなく、その数も変化させてきたからです。

羽毛の総数は、セキセイインコで二千～三千枚、スズメやブンチョウなどの鳴禽類《めいきん》で二千～四千枚が数えられています。小さなノドアカハチドリで九五〇枚と千枚を切るのに対し、ハクチョウは二万五千枚に迫ることもあるようです。

飛翔時の推進力に大きく関係する初列の風切羽は、多くの鳥が十枚を基本としますが、鳥種によっては九枚や、十一枚以上というケースもあります。左右対称の尾羽は四～十対、八～二〇枚あります。

羽毛の色

古くから芸術やファッションに大きな影響を与えてきた鳥の羽毛色。その姿と相まって、鳥の美しさを引き立ててきました。赤、オレンジ、黄、緑、青、紫。白や黒や灰色。色の幅は無限で、部分的に色が変わったり、グラデーションがかかっていることもあります。色鮮やかなオスの鳥は、カラフルな自身をさらにきれいに見せる術を磨いてメスにアピールしようとします。

そんな鳥の羽毛の色は、いくつかの色素がつくる「色素色」と、色素の重なりや羽毛表面の微細な凹凸が発色の原因となる「構造色《こうぞうしょく》」によってつくられています。

鳥がもつ色素としては、ユーメラニン、フィオメラニンという二種類のメラニンのほか、カロチノイド、ポルフィリンが主なものとなります。

ほとんどすべての鳥がもっているのがメラニンで、灰色〜黒、焦げ茶〜茶〜淡い柿色（黄褐色）などの色をつくります。黒や灰色、濃い茶色は、黒色・暗褐色の顆粒であるユーメラニンの色で、黄色や黄褐色、赤褐色の色をつくるのがフィオメラニンです。

黄、オレンジ、赤といった色の多くはカロチノイドがつくります。ポルフィリンは鳥類の三分の一の目だけがもつ色素です。

メラニンはタンパク質と強く結合する性質があり、組織を強化したり保護したりする役割も果たします。多くの鳥種がメラニン系の色素をもつのも、この色素が含まれることで、羽毛を物理的に強化し、磨耗を減らすことが可能になって、よい状態を長く維持できるためと考えられています。また、メラニン色素が、羽毛を浸食するバクテリアへの抗力を増す効果をもつという報告もあります。

いずれにしてもメラニンは、羽毛に色柄を与えるより以前に、羽毛をより強靱にするために、進化の過程で導入されたものが、のちにカラフルな羽毛をつくることに活用されたと考えていいようです。

一方、羽毛の微細な構造は、色素とは異なるしくみで羽毛に「色」をつくります。

ケラチンの表面構造や、メラノソームと呼ばれるメラニン顆粒の列の並びによって光線の散乱が起こったり、一部の波長だけを反射したりすることで、特定の色が見えたり、角度によって色が変わったりします。表面構造、分子の並びによる構造がつくる色という意味から、「構造色」と呼ばれます。昆虫のモルフォチョウの鮮やかな青や、玉虫色とも形容される緑の金属光沢をもつタマムシの鞘翅《さやばね》も、構造色がつくる色です。

カラスやウなどの黒い羽毛が角度によって青みがかって見えたり、緑がかって見えるのも、構造色によるものです。金属光沢を放つクジャクやカワセミの青や緑の羽毛も、構造色がつくっています。また、青や緑の色素をもたないインコ類に青や緑の鳥がいるのも、羽毛がつくる構造色が関係しています。

たとえばセキセイインコの原種では、黄色いカロチノイドの色素の層の上に青の色をつくる構造色の層が重なり、「黄＋青」の光が重なって「緑」に見えていることもわかっています。

構造色にはきわめて多くのタイプがあります。特定の波長の色のみ反射するものがある一方、あらゆる波長の光をはね返すような構造になっている場合、光の重ね合わせにより、「白」に見えるようになります。ライチョウの冬羽などの白い羽は、白という色素ではなく、構造色による色です。なお、鳥のなかには、羽毛だけでなく皮膚や瞳の虹彩にも構造色をもつ種がいます。

5　翼のしくみ、飛翔のしくみ

翼にある前肢の名残り

翼は前肢が変化してできました。そのため、翼の骨格の中に人間の手に近い構造を見つけることができます。ただし、手首から先の大部分は癒合してまとまり、指は退化して三本しかありません。まっすぐ長く伸びているのが第二指（人間でいう人指し指）で、第一指（親指）は手首付近に痕跡だけ残ります。

中手骨が二本に見えるのは第二指と第三指が結合したものだからで、この部分が人間の手のひらに相当します。中手骨の先端から小さく飛び出している骨が第三指（中指）の痕跡です。

羽ばたくための羽毛である風切羽は、上腕骨の途中から第二指骨にかけて、骨から直に生えています。鳥が力強く羽ばたくと、風切羽のつけ根にはきわめて大きな力がかかります。もしも風切羽が皮膚から生えていたとしたら、その下の筋肉までも引き裂いてしまうほどの力です。そのため、強い力に耐えられるように、皮膚や筋肉ではなく、骨から直接、生えているのです。

橈骨《とうこつ》と尺骨《しゃっこつ》が別々の骨であるため、人間は肘から先をひねって手のひらを上に向けたり返したりできますが、鳥にも二本に分かれた橈骨と尺骨があり、加えて、手首の部分にも可動部があるおかげで、肘、手首、指先を、微妙にしならせたり、ねじったりすることができます。こうした構造が、鳥の自在で軽妙な飛行を生み出します。

鳥の風切羽は、重力を振り切る揚力と、前に進む推進力を同時に生み出します。羽ばたきの際、尺骨から伸びる次列風切羽、上腕骨から伸びる三列風切羽がおもに揚力をつくります。前に進む力、推進力を生み出しているのは初列風切羽です。プロペラ飛行機にたとえて説明すると、初列風切羽がプロペラで、次列以降が飛行機の翼に相当するといえばわかりやすいでしょうか。

第一指骨のところから生えている小翼羽《しょうよくう》は、名前のとおり小さく、あまり目立たない羽毛ですが、この羽毛は風切羽の羽ばたきによって生じてしまう翼の後方の乱流を消す働きをします。効率のよい飛行をするための「要」のひとつとなる、大事な羽毛です。

鳥が翼を打ち下ろすとき、風切羽は重なりあって一枚の「うちわ」のようになります。うちわ

図5　風切羽と翼の骨の関係

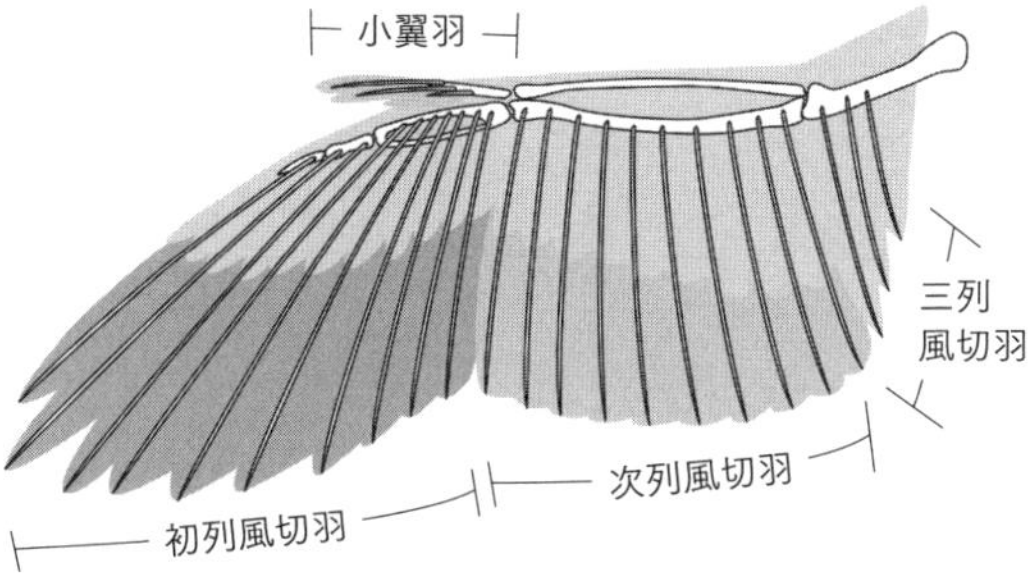

初列風切羽は前方への推進力を生み、次列と三列の風切羽は、重力を振り切る揚力を生み出します。これらの羽毛にはとても大きな力がかかるため、骨から直接生えています。

図6　翼をたたむしくみ

図7　翼の骨とそのかたち

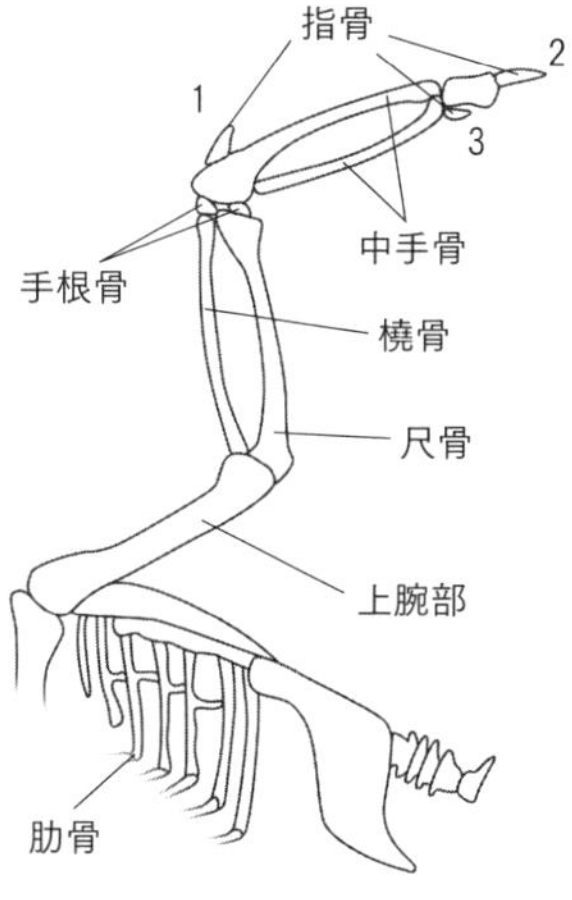

［図6］鳥への進化の過程で、翼を横にしっかり折りたたむことができるようになりました。鳥へと進化する途中の獣脚類の手首には半月状の骨があり、手首を横に動かすことができました。鳥はその資産を受け継ぐことができたため、翼を折りたたむことが可能になりました。
［図7］上腕骨の途中から第三指骨（中指）にかけての骨から、風切羽は直に生えています。肘から手首のまでの骨が人間と同じように橈骨と尺骨に分かれているおかげで、鳥は翼をひねることができます。

を勢いよくあおいで、強い空気の抵抗を感じたことのある人も多いはずです。その抵抗こそが、翼がつくる揚力であり、推進力です。

翼を打ち上げる際は、自然に、重なりあっていた風切羽一枚一枚が独立した羽毛に戻り、ブラインドが開いたように、風切羽と風切羽のあいだに隙間ができて、そこを空気が流れます。そうしたしくみにより、鳥は風の大きな抵抗を受けることなく翼を持ち上げることができるようになります。皮膜でない、羽毛でできた翼ゆえの、とても効率のよいしくみです。

飛翔するための筋肉のしくみ

肩に近い上腕骨上部の上側と下側にそれぞれつながっている、胸筋から伸びる二本の腱が交互に腕を引くことで、翼は上下に動きます。これが鳥の「羽ばたき」の原理です。

鳥の胸骨の中央にある、大きく尖った部位は「竜骨突起《りゅうこつとっき》」と呼ばれます。鳥がこの骨を発達させたのは、翼を上下に動かす筋肉、「胸筋」の量を増やすためでした。

ひとつの筋繊維がつくりだせる力は決まっています。そのため、より大きな力を得るには、筋繊維が束になった太い筋肉が必要で、さらに筋肉は大きく頑丈な骨に広い面積で接する必要があります。胸骨の突起が前に突き出すほど、筋肉が接する骨の表面積が広くなり、そこに筋肉を増やすことができるようになります。結果的に、空を飛ぶ鳥の体重の三分の一が、筋肉として胸骨

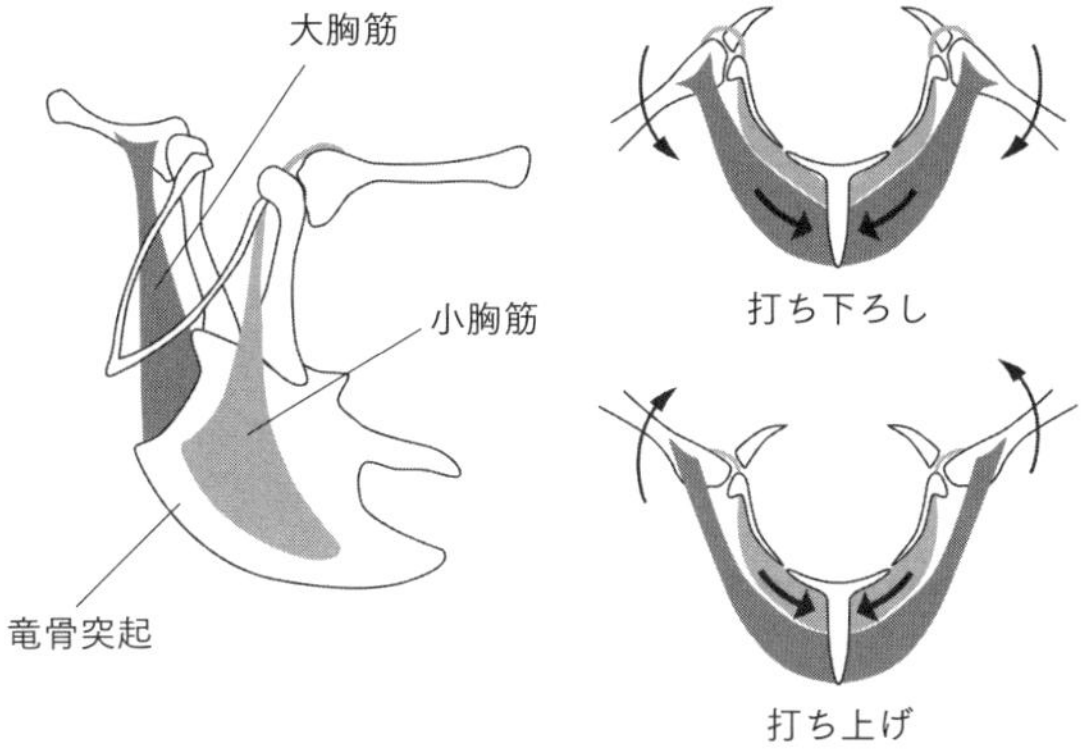

大胸筋は鳥の体の中の最大の筋肉で、飛翔する鳥では体重の三割以上を占めます。この筋肉が収縮すると、翼は下に引っぱられて打ち下ろされます。大胸筋の内側にあるのが小胸筋で、この筋肉が縮むと、伸びる腱が肩を蝶番にするような形で翼全体を持ち上げます。鶏肉でいうと、「ムネ肉」が大胸筋で、「ささ身」が小胸筋に相当します。

図8　飛ぶための筋肉、胸筋の働くしくみ

部分に集中するようになりました。

鳥の胸筋は内側と外側の二重構造になっています。筋肉は縮む以外の機能をもたないため、「翼を上げる筋肉」と「翼を下げる筋肉」を別々にもつ必要があるからです。

飛び立つ、加速するなど、鳥の行動のなかでもっとも大きな力を必要とする、翼を打ち下ろす筋肉が「大胸筋」です。大胸筋は胸の表面にあり、この部位の大部分を占めます。大胸筋から伸びる腱は、上腕骨のつけ根付近の下側につながっていて、翼を下に引っぱります。

大胸筋の内側にあるのが小胸筋で、この筋肉から伸びた腱は、上は上腕骨、肩甲骨とつながり、下は胸骨とつながって、これらの骨を支えている「烏口骨《うこうこつ》」を回り込むようにして肩の骨の上を通り、上腕骨の上部につながっています。この筋肉が収縮すると翼が上に持ち上がります。小胸筋が大胸筋に比べてコンパクトになっているのは、翼を持ち上げるのには、翼を打ち下ろすほどの力が必要ないためでもあります。

効率のよい飛行をしたい鳥

鳥の飛び方は、大きくは、自身の翼による羽ばたき飛行（フラッピング）と、風を利用した飛行（グライディングなど）に分けることができます。

ずっと羽ばたき続けることで、鳥は一定の高度をまっすぐに飛ぶことができますが、長く続けると疲労が溜まってきます。そのため、鳥によっては数回羽ばたいたのち、翼をたたんで短時間慣性で飛び、少し高度が落ちた時点でふたたび少し斜め上方に向かって羽ばたくような飛び方をするものがいます。こうした飛行方法は、波打つような上下動の繰り返しに見えることから「波状飛行」と呼ばれます。身近な鳥では、ヒヨドリがこうした飛び方をします。これも、羽ばたきの回数を減らしてエネルギーを節約する、ひとつの省エネ飛行です。

トビなどの猛禽類が上昇気流の中に飛び込んで、羽ばたかずに旋回しながら高度を上げていくのが「ソアリング」です。海上で暮らすアホウドリなども、こうした飛行を得意とします。

アホウドリなどの大型の海鳥では、上空の強い風を受けてそのまま滑空したり、海面近くまで降りてきたことで得た運動エネルギーを使って、ふたたび羽ばたくことなくまた上空に飛び戻るような飛び方も見せます。「ダイナミック・ソアリング」と呼ばれる飛行法です。

アホウドリやミズナギドリの細く長い翼は揚力を得やすいため、ほかの鳥には弱すぎる風でも滑空して空に留まることが可能です。グライダーの発明は、こうした飛び方をする鳥からヒントを得たものでした。大きな揚力を得やすい翼をもっている種のなかには、地球を半周するほどの距離を楽々と飛ぶものもいます。風のエネルギーを有効利用することで、自身の中の飛ぶエネルギーを節約できるようになった結果、長距離・長時間の飛翔が可能になりました。

空中にいる鳥が、拡げた翼に正面や前方斜め下方からの風を受けると、自然に上向きの力、揚力が発生します。それを上手く活用しているのがハヤブサの仲間のチョウゲンボウで、一定の風速の風があれば、翼の傾きを微調整するだけで、まったく羽ばたくことなく空中停止することができます。

一方、ハチドリなどは、翼で「8」の字を描くなど、羽ばたきの際の翼の向きを意図的にコントロールすることで、前後や上下に向かう力を相殺し、推進力をゼロにして、その場で空中停止することができます。こうした飛行方法は「ホバリング」と呼ばれます。きれいに静止することはできますが、つねに高速で羽ばたき続けなくてはならないため、長時間のホバリングはエネルギーの消費が多めな飛行法となっています。

6 「気嚢システム」を使った呼吸のしくみ

もっとも高度な呼吸のしくみ「気嚢システム」

アネハヅルが一万メートルに近い高高度を飛べるのも、小さな肺しかもたないペンギンが深海まで潜ることができるのも、身のまわりの鳥たちが高い瞬発力で行動できるのも、体内の気嚢をフル活用した呼吸のしくみ「気嚢システム」をもつがゆえです。脊椎動物が獲得したもっとも高度な呼吸システムである「気嚢システム」を、鳥は祖先から受け継ぎ、より発展させました。

鳥の肺は胸部の脊椎側にあって、強く固定されているため、肺自体はほとんど動きません。人間なら、レントゲン撮影で「大きく息を吸って」といわれて肺を膨らませることができますが、「大きく息を吸って」といわれた鳥が膨らませるのは、肺ではなく気嚢です。

気嚢はきわめて薄い膜でできていて、血管組織もほとんどなく、周囲の筋肉に引かれて膨らむ、しぼむ、以外の機能をもちません。気嚢自体には、酸素を取り込む能力はありません。

成鳥では、体の広い範囲に気嚢が広がり、大きな骨の内部にまで入り込んでいます。ただし、骨の中に入り込んだ気嚢は膨らみようがないため、それがどんな役割を果たしているのかはよくわかっていません。恐竜では、骨の中の気嚢は軽量化の一助となっていましたが、全体的に軽量化が進んだ鳥で、どのような意味をもつのか、今後の研究が待たれます。ただし、酸素を含んだ新鮮な空気を溜める場所を増やすという点において、骨の中の気嚢が有効であるのは確かです。

気嚢システムのしくみ

鳥の気嚢は、肺の前方についている前気嚢と、肺後方に位置する後気嚢の二つに分けられます。すべての気嚢は同時に膨らみ、同時にしぼみます。

鳥が吸いこんだ空気は肺を通り抜けて後気嚢へと送られます。その際、空気はいったん肺を素通りしますが、膨らむ前気嚢に引っぱられるようにして、吸いこんだ空気の一部は肺の後方から肺の中へと流れ込み、酸素が取り込まれていきます。

鳥が息を吐くと、しぼんでいく後気嚢から肺に空気が流れます。つまり、息を吸っているときだけでなく、鳥が息を吐いているときも、鳥の肺では途切れることなく酸素が取り込まれているということです。鳥が吐き出す空気は、肺を通り抜けた空気と、しぼむ前気嚢から送り出された空気が合流したものです。

鳥の呼吸のしくみを簡単に解説すると、このようになります。哺乳類の肺では息を吐き出す際には肺の中の空気が少なくなり、酸素の取り込みが止まってしまいますが、鳥ではそういうこと

図9　鳥の呼吸のしくみ：気嚢システム

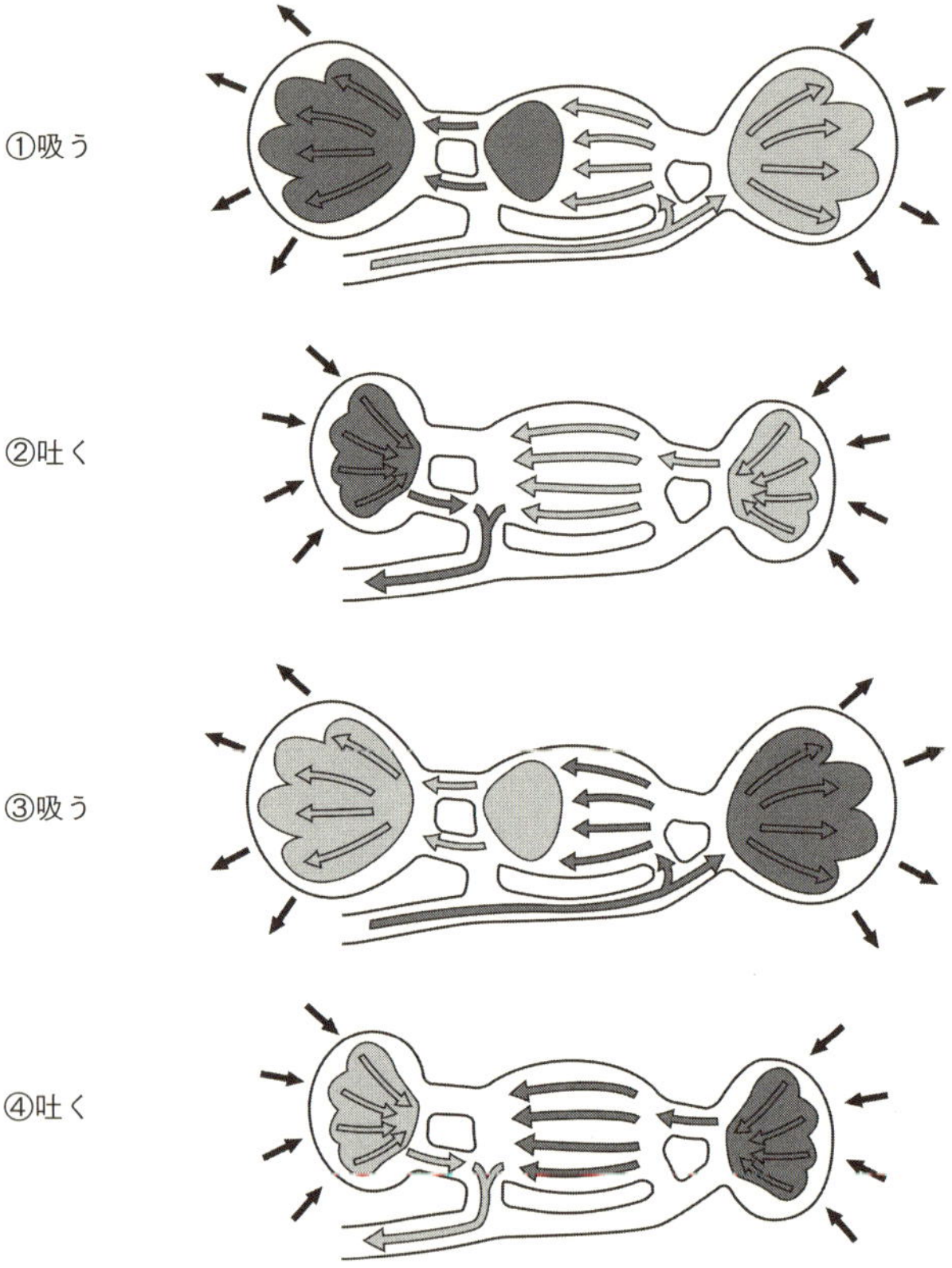

鳥が吸いこんだ空気は肺の後方から肺の中へと流れ込む一方、大部分は肺の後方にある後気嚢に入ります。これが後気嚢が膨らんだ①の状態です。気嚢がしぼむと、後気嚢の中の空気が肺へと流れ込みます。これが②です。このとき、前方の気嚢も同時にしぼみ、ここ入っていた空気が口から排出されます。ふたたび鳥が息を吸いこんだ状態が、③。①～④の繰り返しによって、鳥は呼吸を行っています。

がありません。これが、「気嚢システム」の優れている点です。

さらに鳥の肺では、空気の流れと血液の流れが正面からぶつかって交差するかたちになるため、ガス交換が効率よく進み、短時間に多くの酸素を取り込むことができます。

酸素濃度が薄い高い空を飛んだとしても、大きく息を吸い、呼吸の回数を増やせば、肺の中を流れる空気の流量が増えて、必要なだけ酸素を取り込むことができます。そうすることで、血中の酸素濃度を、活動に必要な高さに維持できるわけです。

気嚢の容積は肺に対して十分に大きいため、体内に貯えられる空気の量が哺乳類に比べて相対的に多くなる、ということも利点として挙げることができます。

7 内臓と生殖器

哺乳類とは異なる排泄のしくみ

鳥にも胃や腸があり、肝臓や膵臓《すいぞう》があります。内臓のつくりや働きには、哺乳類と共通するところも多く見られます。大きくちがっているのは、排泄や産卵をする出口の部分です。

鳥や恐竜では、哺乳類の肛門にあたる部分を「総排泄孔《そうはいせっこう》」と呼んでいます。総排泄孔の内側には「総排泄腔《そうはいせつくう》」という袋状の臓器があって、大腸も、尿管も、卵殻に包まれた卵が送られてくる輸卵管もオスの精管もこの腔につながっています。つまり、糞（うんち）も、尿（おしっこ）も、卵も、同じ一つの穴（孔）から排泄、排出されます。それゆえ、「総」排泄孔と呼ばれているわけです。

現代の鳥類では、体内資源が大胆にリサイクルされていて、総排泄腔に放出された尿は蠢動《しゅんどう》によって大腸に送られて、そこで水分やミネラル分などが再吸収されるようになっています。こうしたしくみによって鳥は、哺乳類よりも少ない水分で活動できるわけです。

多くの鳥類の尿は白いペースト状の固体です。駅や神社などのまわりでハトの糞を見ることもあると思います。排泄物の大部分を占める緑や茶色味を帯びた部分がいわゆる糞で、その上にぺっとりと乗った白いペーストが尿です。

哺乳類では、体内でできたアンモニアを尿素に変え、液体として排泄していますが、鳥類では固体の尿酸のかたちで排泄します。この尿酸が、白いペーストの正体です。

鳥を飼育している方のなかには、なにかに驚いて飛び立ったインコなどが、水に浮いているような糞をするのを見たこともあるはずです。危険を察した鳥は、少しでも体を軽くするために、瞬間的に総排泄腔の中にある不要物を外に出そうとします。通常なら、一度腸に戻されて水分やミネラルが吸収されますが、緊急時にはそのサイクルが省略されるため、水分過多の糞を見ることになります。

8　高い血圧、高い体温

鳥は、人間でいうところの高血圧

体内にもつ血液の量は、標準的な体格の飛翔する鳥で、体重のおよそ一割。人間の場合、平均的な体格の人で、体重のおよそ十三分の一ほどですから、鳥の方が多い割合となります。

鳥は、肺で十分な酸素を取り込んだ血液を、高い圧力で体内に循環させています。米カーネル大学の報告（一九九三）によると、ニワトリで収縮期の最高血圧が一七五ミリメートルHg前後、拡張期の最低血圧が一四五ミリメートルHg前後あり、平均血圧は一六〇ミリメートルHgほど。カナリアでは収縮期が二二〇、拡張期が一五〇、平均一八五ミリメートルHgと報告されています。いずれも安静時の血圧であり、急な飛翔などの際には、数値が大きく跳ね上がります。

ちなみにシチメンチョウはニワトリよりも高めで、二五〇／一七〇ミリメートルHgと報告されていますが、食肉用に高脂質の餌を常食させられていると、最高血圧が三〇〇をはるかに超えて、四〇〇ミリメートルHgに迫ることもあるようです。人間の血圧は平均で一二〇／八〇ミリメートルHgほどですから、驚くべき高さです。安静にした状態で収縮期の最高血圧が三〇〇ミリメートルHgを超えていたら、人間ならまちがいなく倒れていて、死の危険さえもあります。

もともと鳥は血圧の高い生き物で、心臓も血管も、こうした高い血圧に耐えられるように強く柔軟な構造になっていますが、やはりそれでも限界はあります。高血圧が進んだ鳥で、脳疾患や心臓疾患が増えてくるのはいうまでもありません。脂肪分の高い餌をつねに与えられ、食べ過ぎの状態が続いているだけで、鳥は簡単に高脂血症に陥ってしまうからです。

その結果として起こるのが、動脈硬化の末の大動脈の破裂や、脳梗塞や心筋梗塞です。つい数分前まで元気な様子を見せていた飼い鳥が突然死するケースが昔からあり、原因は不明とされていましたが、長期にわたる隠れ肥満から動脈硬化に至り、血管壁にできたプラークが脳や心臓の血管を詰まらせて死亡させた可能性があることが、最近になってわかってきました。

9 長い鳥の寿命

五十年以上の寿命をもつ鳥が幾種もいます。自然のなかでは敵に襲われたり、食料不足で体力が落ちるなどして、誕生から数年で落命することが多いのですが、鳥類の生物学的な寿命は意外に長く、安全な飼育下にいた場合、人間と同じくらい長生きするものも少なくありません。

日本の代表的なツルであるタンチョウの野生下での平均寿命は二〇～三〇年ですが、飼育環境では五〇～八〇年生きます。「鶴は千年、亀は万年」という言葉どおりの千年という長い寿命こそないものの、ツルの生物学的な限界寿命は人間に匹敵します。

南米産のコンゴウインコの仲間は、個体によっては一〇〇年近い寿命をもちます。そのため、大人になってから飼いはじめると、孫や、契約による後継者など、責任をもって飼育を引き継いでくれる誰かが必要になります。

動物の心臓が一生のあいだに打つ総数は一定で、心拍数の少ない動物ほど長生きと、『ゾウの時間　ネズミの時間』（本川達雄）などでは示されていましたが、それは基本的に哺乳類にかぎってのことで、鳥類には当てはまりません。

第4章　鳥の五感、鳥が感じる世界

1　「五感」は生きるための要

動物の感覚世界

すべての動物は、目や耳や鼻や舌などの「感覚器（感覚器官）」から、さまざまな情報を得ながら暮らしています。皮膚も、温度や湿度、風や日差しや圧力など、複数の物理情報をつねに受け取っています。磁気や重力を感じながら生きている動物もいます。

そして、そうやって受け取った「感覚」をもとに、動物種ごとの、そして個々の個体ごとの「世界観」もつくられていきます。

一般に、受け取る感覚情報が単独であることは少なく、「視覚＋聴覚」や「味覚＋嗅覚」など、ほとんどの場合、複数の情報が同時に体に入ってきます。そして、それらの感覚は束ねられ、そのときに感じた感情などとセットになって脳が記憶し、「経験」として貯えられていきます。このしくみは人間だけでなく、動物でも基本的に同じです。

動物がその瞬間瞬間をどのように感じ、また、どのように世界を認識しているのかという点について、人間はついつい自分の感覚をたよりに、人間基準で判断しようとしてしまいますが、体のつくりも、背の高さも、ふだんの視線の高さも、もっている感覚器の性能もちがう動物は、当然ではありますが、人間とはちがう感覚をもちます。

イヌやネコに聞こえている高い周波数の音（超音波）が人間には聞こえていないように、イヌやネコの見る世界は人間と同じではありません。紫外線領域まで見える鳥や蝶は、人間よりも鮮やかに世界を見ていて、人間には同色にしか見えない同種のオス・メスの色のちがいなども、しっかり見分けて暮らしています。

自分以外のだれかのことを、より深く理解しようと思ったとき、私たちがまずすべきは、「自分のもつ感覚が世界で唯一のものではない」、「だれもが同じではない」ということを実感としてもつことです。それは、人間以外の動物を理解する際にもいえます。

鳥たちがもつ固有の感覚を知ることが、鳥のことを今以上に深く知るための手助けになります。そのため本章では、鳥たちがもつ五感について、わかってきたことを、少し多めのページを割いて解説していきます。

2　鳥にとって重要な感覚は「視覚」、そして「聴覚」

鳥はつねに、目でまわりを見ながら行動しています。敵や危険物の姿、仲間の姿、目的地の方向などを視認し、自分がいる場所を知る際も、見て記憶したものが重要なたよりになります。それがだれか、それがなにかを見分けるときや、食べ物かどうかを判断するときも、目でじっくり見ます。もちろん、伴侶を決めるときも、相手の姿がとても重要になってきます。

祖先の恐竜もフルカラーで世界を見ていましたが、鳥は鳥になる際に、視覚をさらに進化させて、現生の脊椎動物のなかでもっとも優れた目をもつようになりました。

また一方で、鳥にとっては、耳に入る「音」や「声」も、とても重要です。

危険を察した鳥は「警戒音」と呼ばれる鋭い悲鳴をあげますが、それが他種の警戒音であっても、脳は瞬時に反応して、危機回避をしようとします。

雛が親の声を、親が雛の声をおぼえる事例もたくさんあります。さえずる鳥、鳴禽類のメスが伴侶選びの際に、声がよく、歌が上手にうたえるオスや、自分好み（！）の歌を聞かせてくれたオスをつがう相手に選ぶことも、よく知られた事実です。

もちろん鳥にも味覚や嗅覚があって、鳥は鳥なりに、身に備わった五感をフル活用した生活を送っていますが、多くの鳥にとってより重要な感覚は、やはり視覚と聴覚になります。

哺乳類は長い期間、夜行性の生き物だったことから、視覚は感度優先で暗視能力を強化する方向に進化してしまい、フルカラーの視覚をもつものは現在、ごく少数に留まります。

一方で、餌を探すときなど、獲物の匂いとともに、獲物が立てる「音」を大きなたよりにしてきたため、「聴覚」がとても発達しています。肉食のネコ科の動物が周波数の高い音を聞き取る耳をもっているのは、暗闇の中で獲物が立てるかすかな足音も察知して、その位置を特定するためだったと考えられています。こうした感覚の利用の差が、三億年以上にわたる進化の隔たりのなかで、哺乳類と鳥類の視覚や聴覚に大きなちがいを生んだわけです。

ところが、その隔たりを意図せず乗り越えてしまった生物がいます。そう。私たち人間です。人間も哺乳類ではありますが、イヌやネコのように鋭い嗅覚はなく、目で見てさまざまなことを判断します。人間にとって、耳に聞こえる音や言葉や歌が重要であることはいうまでもありません。これは、ほかの哺乳類には見られない、きわめて特異な性質です。

人間がそうなったのは、祖先がたどった進化の結果です。サルが人類に進化する過程で、獣脚類の恐竜が鳥に進化する際にたどった道を、トレースするように追ったことが判明しています。そんな偶然の過程が、人間の五感を鳥に近づけました。

近いということは、人間には、種も類の隔たりも越えて、鳥のことを深く理解できる素質があるということにほかなりません。それはある意味、とても喜ばしいことだと思っています。

3　鳥がもっともたよりにする感覚器、目

おおまかな目のしくみ

「水晶体というレンズを通して眼球に入ってきた光を網膜に結像させる。受けた光を、網膜の視細胞が電気信号に変換し、脳へと送信。そこで、イメージ化される」

人間も鳥も、このようなしくみで「もの」を見ています。ただし、私たちが「実際に見ている」と思っている像は、網膜に映ったそのままのイメージではなく、上下を反転させ、ゆがみのない三次元像に補正するなど、目から送られた生の視覚情報に対し、受け取った脳が必要な補正を加えたあとのものです。もちろん、鳥の脳の中でも同様の処理が行われています。

鳥の目も、基本的には私たちの目と同じような構造をしていますが、いくつか異なる特徴ももちます。

133ページに鳥の眼球の構造図と、横顔に見る「目」の位置、大きさを示す図を掲載しました。

私たちの目も、大きな眼球がすっぽりと頭蓋骨の中の眼窩《がんか》というくぼみにおさまっていますが、鳥の目も外から見えている部分は角膜に覆われた目の先端部分だけで、目の本体ともいえる眼球

は、人間と同様に頭蓋骨の眼窩に深くおさまっています。

鳥と人間の眼球のちがい

同じしくみでものを見てはいますが、「eagle-eyed」という英単語に「視力の良い」という意味があることからもわかるように、多くの点で、鳥の方が優れた目をもっています。

それがよくわかるのが、目の大きさでしょう。多くの鳥が比率的に人間よりも大きな眼球をもっています。人間と同じか、それ以上のサイズの眼球をもつ鳥も少なくありません。

人間の眼球は約二・四センチメートルですが、フクロウ類や大型のワシの眼球もほぼ同じ大きさです。彼らの頭と人間の頭の大きさのちがい思い浮かべたなら、鳥がいかに巨大な目をもっているか、わかるはずです。ちなみに、脊椎動物最大の眼球の持ち主はダチョウで、直径が五センチメートルにもなります。ダチョウは自身の脳よりもはるかに大きな目をもっています。

そんな眼球は、光が入る外側から、角膜、虹彩《こうさい》、水晶体（レンズ）、硝子体《しょうしたい》、網膜、という基本構造をもち、網膜側はその外側に脈絡膜、強膜という膜をもつ三重構造になっています。角膜は最外の強膜と連続していて、虹彩は入ってくる光の量を調節する、カメラでいうところの、いわゆる「絞り」です。そして、眼球が大きくなるほど、高い視力が得やすくなります。

鳥類と哺乳類の眼球で大きくちがっているのが、鳥の眼球内には「網膜櫛《もうまくしつ》」や「櫛状《くしじょう》突起」

図1　鳥の目の構造と、顔の中の目の配置

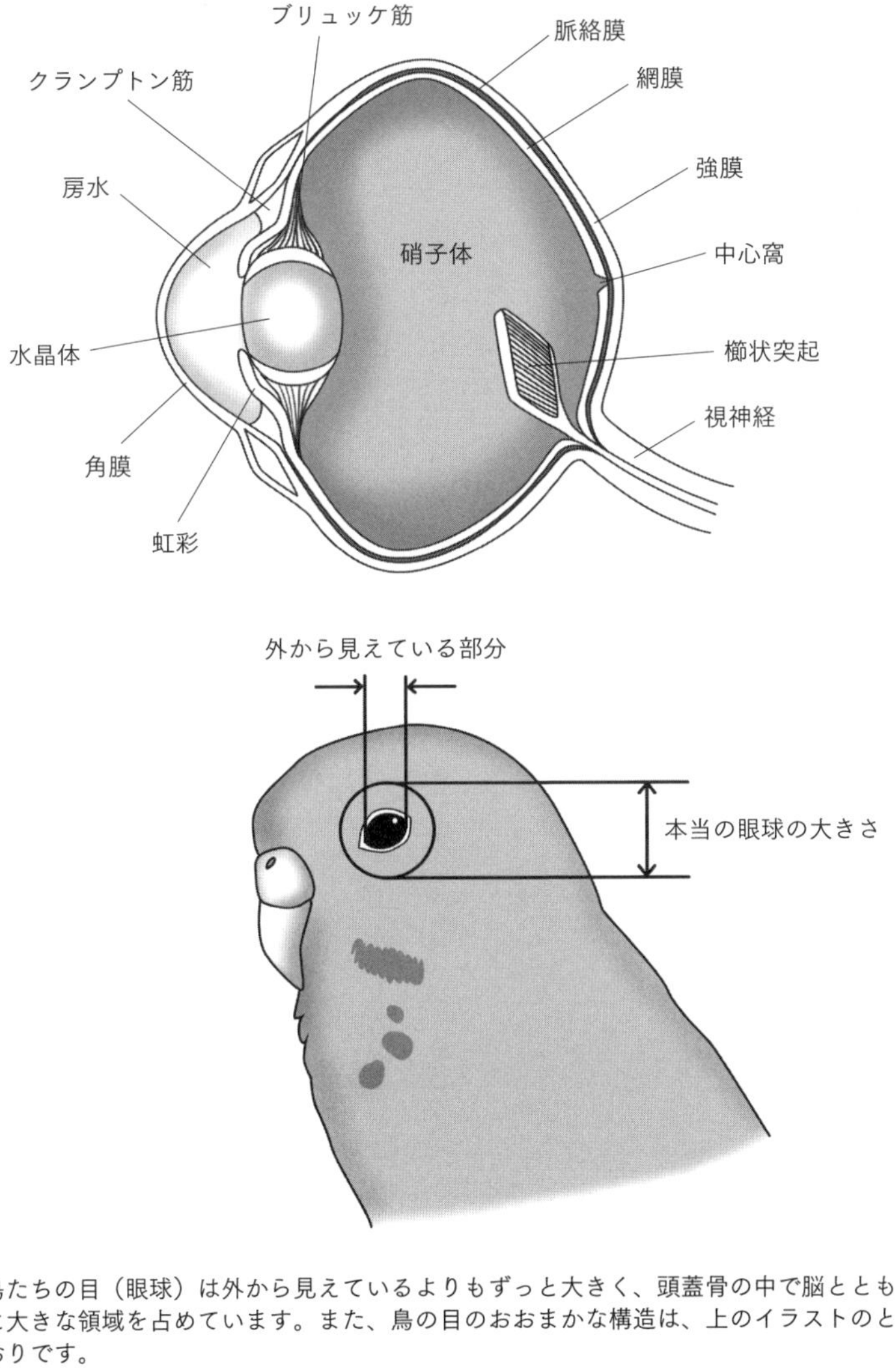

鳥たちの目（眼球）は外から見えているよりもずっと大きく、頭蓋骨の中で脳とともに大きな領域を占めています。また、鳥の目のおおまかな構造は、上のイラストのとおりです。

と呼ばれる突起状の組織がある点です。網膜櫛（ペクテン）は、脳へとつながる視神経が外へと出ている部位の内側、人間では盲点にあたる位置に存在しています。

網膜櫛は鳥種によって形状が異なりますが、いずれも多くの襞《ひだ》をもった立体的な構造をしています。網膜櫛の機能や存在理由については長く不明のままでしたが、現在は、「網膜組織に酸素と栄養を運ぶために生み出されたもの」という結論に落ち着いています。

鳥の網膜には人間などの網膜に見られる血管組織がほとんどありません。人間が眼科検診するときのように鳥の目に光を当て、奥を覗きこんでみても、そこに血管は映らないのです。哺乳類では、張りめぐらされた血管を使い、網膜に酸素や栄養分を運んでいますが、そこに血管があると網膜の解像度は少なからず落ちます。視覚をきわめて重要視する鳥は、それを嫌って網膜櫛を発達させたのだろうと考えられています。

また、人間の眼球がほぼ球形であるのに対し、鳥類の眼球は球形に近いものがある一方で、角膜部分が飛び出したまま、眼球が前後に押されたような「ひしゃげた偏平型」や「筒型」のものも多く見られます。そうした眼球が同じかたちに窪んだ眼窩にすっぽりおさまっています。

鳥の眼窩には、空間的に、目を動かす眼筋《がんきん》がつく余裕がほとんどないため、鳥の眼球はほぼ位置が固定されていて、左右の移動や回転などの自由な動きができません。両目の前方にあるものを注視する際に、くちばし方向に向けて少しだけ寄り目にするくらいの、きわめて限定された動きができるのみです。この点は、人間と大きく異なっています。

眼球が球形をしていないのは、高い視力を得るために限界まで眼球を大きくしたことや、大きくしながらも可能なかぎり体積と重量を減らそうとしたことが影響したと考えられています。しかし、多くの鳥が人間よりもはるかに広い視野をもち、その広い領域を高い解像度で見ることができることに加え、自在に曲がる首ももっていることから、たとえ眼球を動かせないとしても、「見ること」に不都合はありません。

鳥は人間のように泣いたりしませんが、角膜表面は油分のある涙の膜で覆われていて、傷や汚れ、乾燥から保護されています。もちろん、ぴったり閉じるまぶたがあり、睫毛《まつげ》があります。さらに、「瞬膜《しゅんまく》」と呼ばれる半透明な膜がまぶたの内側にあります。瞬膜は上下のまぶたに続く第三のまぶたという意味合いから、第三眼瞼《がんけん》とも呼ばれています。

瞬膜は、眼球のくちばし側から外側に向かって引かれます。瞬膜は角膜を保護するとともに、角膜表面に涙をきれいに行き渡らせることなどに活用されています。なお、鳥には瞬膜腺と呼ばれる分泌腺があり、涙は涙腺と瞬膜線の両方から供給されるしくみになっています。

フクロウ類などでは、くちばしのつけ根の上部に硬く長い、「ヒゲ」とも呼ばれる剛毛が生えていて、彼らはそれをセンサーとして活用しています。この毛に異物が触れると、反射的に瞬膜が閉じて、角膜をガードするのです。

また、ほこりなどで眼球が傷ついたり乾いたりすることを防ぐために、瞬膜を閉じた状態で飛翔する鳥も多くいます。海中を泳ぐペンギンも、瞬膜を使って目をガードしながら、獲物を追っています。飛ぶ鳥にとっては自前の「飛行ゴーグル」であり、水中を泳ぐ鳥にとっては、自前の「水中メガネ」というわけです。身近な動物では、イヌやネコが瞬膜をもっていますが、人間では完全に退化して目頭にその痕跡が残るのみです。

哺乳類も鳥類も、明るい場所、暗い場所で、目の絞りである「虹彩」の開きぐあいが変化します。ネコの目を見てもわかるように、哺乳類の虹彩は自動調節ですが、鳥類では自身の意思によって、開く径を調整することも可能です。このほか、動揺したり、強い不安を感じている鳥では、明暗や自身の意思とは関係なく虹彩が動く様子が観察されることもあります。

余談になりますが、鳥も人間と同様に、極度の緊張下にあるときなど、瞬きをほとんどしなくなり、瞬きの回数が減ります。また、強いショック時には、白目が見えるほどに大きくまぶたが開いた状態になり、文字どおり「目が丸くなる」様子を見ることがあります。

ピントの合わせ方のちがい

目に入ってきた光は、角膜と水晶体で二回屈折して、硝子体の中を通り、網膜に至ります。

哺乳類は水晶体を支える筋肉を収縮させて、レンズの厚みを変えることでピントを合わせます。無限に遠いところから届いた光が網膜の手前でピントが合ってしまうのが近視で、それとは反対に、網膜よりも後方でピントが合ってしまう状態を遠視と呼びます。老化により、ピントの調節機能が落ち、近くのものを網膜にしっかり結像できなくなったのが老眼です。

鳥類の場合、水晶体の厚みを変えてピントの調整ができるだけでなく、角膜につながる筋肉（クランプトン筋）を収縮させることで角膜の曲率を変え、こちら側からもピントに影響を与えることができるようになっています。なお、鳥の水晶体は哺乳類の水晶体と比べてかなり柔軟で、変化をつけやすいという特徴もあります。

こうした機構により、多くの鳥は哺乳類に比べて高いピント調節能力をもちます。遠くはもちろん、スズメ目などのいわゆる小鳥類では、眼球から数センチという極至近距離の物体も、はっきりピントを合わせて見ることが可能です。潜って魚などを捕える潜水性の水鳥も、空気よりも屈折率の大きい水中でしっかりピントを合わせて対象を見ることができます。

なお、人間の目も鳥の目も、近くを見る際にレンズや角膜を調整するしくみで、休んで筋肉が弛緩しているとき、目ははるか遠方にピントが合う「遠方視」の状態になっています。

鳥の視力

このような目で、鳥は獲物や食べ物、敵を見つけます。

鳥類のなかで最大の視力をもつとされる猛禽類の目は、人間の二・五〜三倍もの解像度で、離れた場所を見ることができますが、こうした高い視力にも、もちろん理由があります。

角膜、水晶体を通して網膜に届いた光は、網膜に存在する視細胞によって電気信号に変換されて脳に送られ、受け取った脳がそれを画像化しています。これが人間や鳥がものを見ている手順ですが、見ている対象の解像度は、網膜上の「視細胞」の密度によって決まります。

そのしくみは、画素数が上がるほど高解像になっていく、デジタルカメラ受光部のCCDやCMOSのイメージセンサーのことを思い出してみると、わかりやすいかもしれません。網膜上の視細胞と解像度の関係も、基本的にはこれと同じだからです。

網膜には役割の異なる「錐体細胞《すいたい》（錐状体）」と「桿体細胞《かんたい》（桿状体）」という二種類の視細胞が存在しています。両者の名前は細胞先端の形状からきていて、円錐のかたちから「錐状体」、棹のようなかたちから「桿状体」と呼ばれるようになりました。

このうち錐体細胞は、昼光下で威力を発揮する、「色」を見分ける視細胞で、この細胞があるからこそ、鳥も人間もカラフルな世界を感じて生きています。ただし、錐体細胞は弱い光には反応しないため、暗い場所ではほとんど機能しないという欠点ももっています。

逆に、弱い光にも鋭く反応するのが桿体細胞で、この視細胞の数が目の「感度」を決めています。一般に、暗視能力の高い動物ほど、網膜に多くの桿体細胞をもっています。

「視力」を決めるのは錐体細胞で、一定面積あたりの錐体細胞の密度が高まるほど視力が高まります。人間が網膜中心に一平方ミリメートルあたり約二〇万個の錐体細胞をもつのに対し、ス

図2　桿状体と錐状体の形状

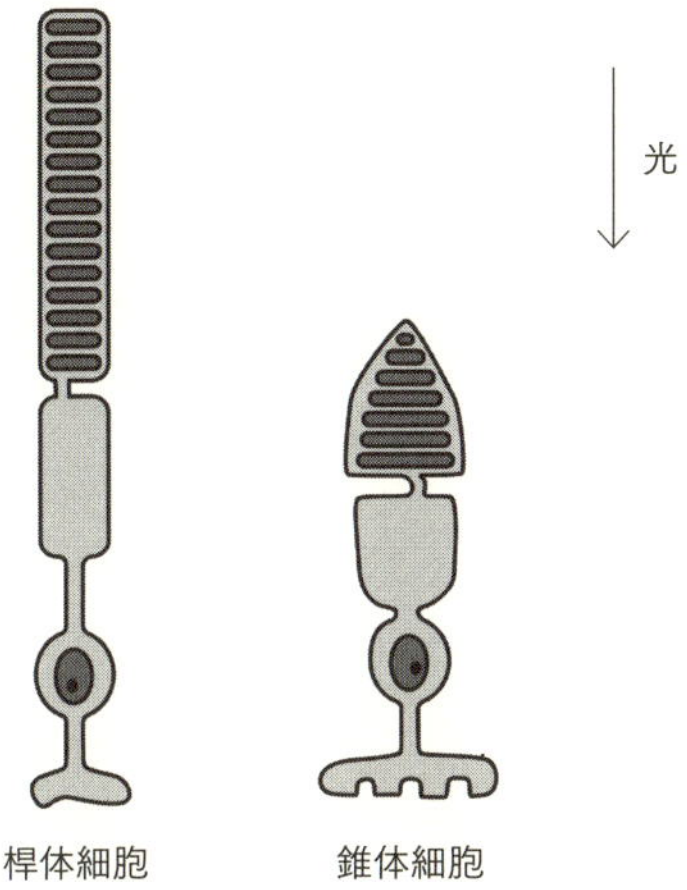

「錐体細胞（錐状体）」と「桿体細胞（桿状体）」のおおまかなかたち。両者の名前は、先端の形状に由来しています。

表1　桿体細胞と錐体細胞の特徴の比較

		働き	感度	種類	特徴
視細胞	桿体細胞（桿状体）	光を感じる	高い	1	・わずかな光にも反応。 ・暗視能力の高い動物は高密度。 ・少ない鳥は「鳥目」になる。
	錐体細胞（錐状体）	色を見分ける	低い	2～5	・暗い場所では機能しない。 ・脊椎動物は最大4種類（紫外・紫、青、緑、赤）をもつ。鳥は四種類。 ・密度が高いほど高解像になり、視力が高くなる。

ズメ科のイエスズメでは四〇万個、タカ科のノスリでは一〇〇万個もの細胞を有しています。

網膜内には特別高い密度で視細胞が集まっている小さく窪んだ場所があり、人間ではそこを「中心窩《ちゅうしんか》」と呼んでいます。網膜に中心窩が存在するのは、哺乳類では人類が属する霊長類だけです。ちなみに学校や病院で行う「視力検査」は、中心窩の解像力を測っています。

人間の網膜には、水晶体のレンズに対して垂直（まっすぐ）に入った光が結像する「黄斑《おうはん》／黄斑部」と呼ばれるおよそ五ミリメートルほどの楕円のエリアがあり、中心窩はその中央に位置します。人間の中心窩はおよそ一ミリメートルほどの円形で、さらにその中心部に〇・一ミリメートルほどの中心小窩があります。中心小窩にあるのは錐体細胞のみで、桿体細胞は基本的に存在しません。人間の目では、中心窩のある領域だけが際立って錐体細胞の密度が高く、それ以外の部位は鳥類の十分の一ほどの密度しかありません。

鳥類の網膜にも同じように視細胞が集中する小さく窪んだ場所があり、人間に倣ってその場所を慣例的に「中心窩」と呼んでいます。人間の場合と同様に、中心窩の周囲には黄斑も存在しています。

一部の鳥には、中心窩のほかに、中心窩と同じくらい高い密度で錐体細胞が集まっている場所があり、両眼視をする際に活用されています。一般に「側頭窩《そくとうか》」と呼ばれる、網膜のもうひとつの「窩《か》」の位置や働きについては、このあと詳しく解説します（図3）。

もう一方の視細胞である「桿体細胞」は、光に対して高い感受性をもつことから、このタイプの視細胞が多くあるほど、光量の少ない暗めの環境でもよく見える目になります。網膜に多くの桿体細胞をもつモリフクロウの目の感度は、暗闇の中でハトの一〇〇倍にもなります。

桿体にはロドプシンという光を感じる物質があり、ロドプシンは人間のものも鳥のものも、五〇〇ナノメートル前後の波長の光（スペクトル上では緑色に相当）を強く吸収するため、この領域の光によく反応します。たとえば人間では四九八ナノメートル、ニワトリでは五〇三ナノメートルに吸収のピークがあります（杉田・二〇〇七）。

鳥は大きな眼球をもちますが、生物である以上、いくらでも大きくできるわけではなく、そのサイズには当然ながら上限もあります。そのため鳥は、自分の生活スタイルに合わせて、自身がもてる網膜の表面積の中で、錐体細胞と桿体細胞の数のバランスを決めています。

高い視力が不可欠な猛禽類は錐体細胞を増やし、フクロウ類は夜に活動しやすくするために桿体細胞を多めにもちます。大きな眼球をもてない小鳥類が、夜間、極端に視る力を落としてしまうのも、目の感度を上げる桿体細胞を犠牲にして、錐体細胞を増やしているためにほかなりません。

人間の視細胞も鳥の視細胞も、神経繊維を介して脳につながっています。人間の視細胞から伸びる神経繊維は、中心窩からのものを除き、基本的にいくつか束ねられて送られているのに対し、鳥ではそれぞれの視細胞から出た神経繊維が独自のラインにより脳へとつながっています。こうした神経の接続構造もまた、高性能な鳥の目を支えるしくみのひとつです。

両目で見る、片目で見る

文学などでよく使われる表現のひとつに、「小鳥のように小首を傾《かし》げて」というのがあります。鳥がそうしたしぐさを見せた場合、それは可愛く見せようとしているわけでも、なにかに悩んでいるわけでもなく、どちらかの目で（多くの場合、下側を向いている方の目で）、なにかをよく見ようとしている状態です。

猛禽やフクロウ類など一部を除いて、ほとんどの鳥の目は、正面から少し離れた顔の横側についています。そうした目で気になる対象をよく見ようとすると、鳥は自然とそんな「小首を傾げた」ようなポーズになります。

図1の鳥の眼球のイラストをもう一度眺めてみてください。眼球に対して正面から垂直に入った光は、もっとも視神経が集中している中心窩に結像します。小首を傾げて見ている鳥は、高解像でいちばんくっきり見える網膜の部位である中心窩に対象を映し、じっくり観察しているのです。その姿は、「まじまじと見る」「注視する」という表現がよく似合います。

首の位置や角度を少し変えながら、対象を見つめ続けることもあります。その間も視線を外さずに見続けることで、鳥は対象の立体像を脳内に記憶します。また、わずかに角度を変えて見ることで、二点観測の効果から、対象までの距離をより正確に知ることも可能になります。

人間の場合、両目の中心窩に結像した像を脳へと送り、合わせて、ひとつの物体を立体的に見ていますが、鳥の中心窩は、片目で見ている場合の高解像領域となります。つまり、なにかを片目で凝視しているとき、鳥の反対側の瞳には別のものが映っています。

昼光性の猛禽類や、飛びながら昆虫などの獲物を捕える鳥、たとえばハヤブサやモズやツバメやカワセミなどの目には、中心窩と同じように視細胞が高密度に集まっている場所が、網膜内にもうひとつあります。

人間ほど広い範囲ではありませんが、鳥も顔の正面に位置するものを両目で見ることができます。先に例として挙げたような鳥の網膜には、両眼視したものを高解像度で結像できるポイントがあり、そこを「側頭窩《そくとうか》」と呼んでいます。鳥が側頭窩を使って見るものこそが、私たちがふだん見なれている景色です。

人間にとっては両眼で見ることこそが「自然」ですが、側頭窩をもたない鳥の方が圧倒的に多いという現状は、多くの鳥にとって両眼視も、両眼視したものを高い解像度で見ることも、さほど重要なことではないという事実を示していると考えることができます。

ただ、鳥の目の視細胞の密度は、すべての網膜上で総じて人間よりも高く、中心窩や側頭窩のある領域以外でも、かなりはっきりとものを結像させて見ることができます。つまり、中心窩と側頭窩のどちらか一方しかもたない鳥、あるいは両方とももたない鳥でも、人間よりも高い視力でものを見ることができています。そのため、多くの鳥にとって高解像で両眼視できるかどうか

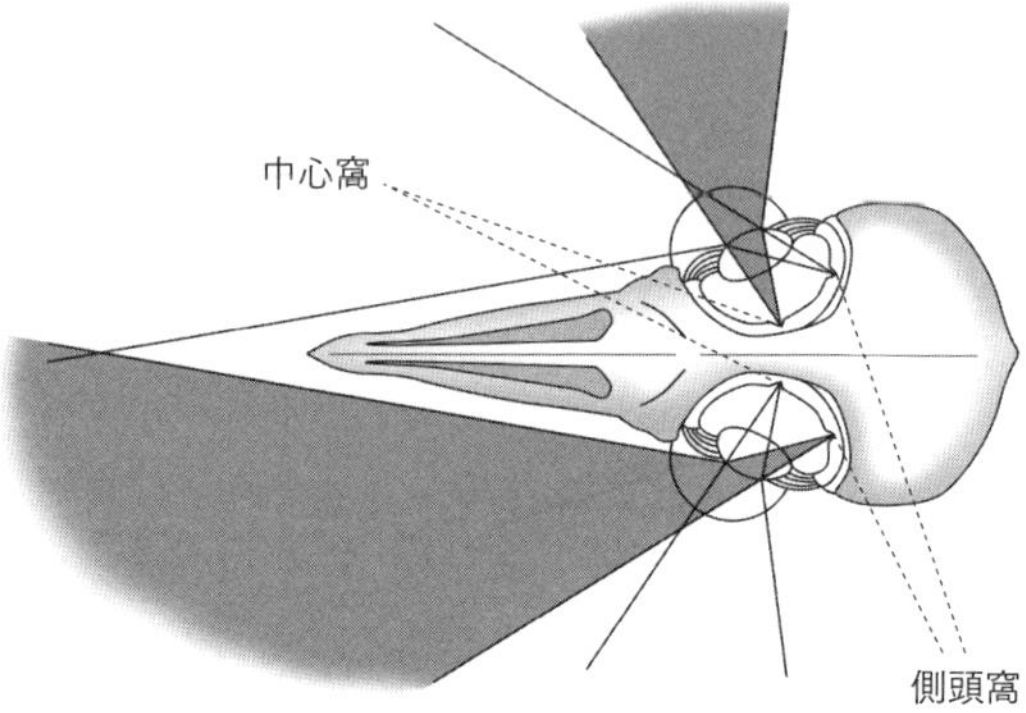

中心窩と側頭窩の位置。『鳥類学』（フランク・B・ギル／新樹社）のイラストなどをもとに作成。多くの鳥は、窩をもたないか、ひとつの窩だけをもちます。タカ目、ハヤブサ目などの昼に活動する猛禽類と、ブッポウソウ目、一部のスズメ目の鳥が中心窩と側頭窩の両方をもちます。

図3　鳥の目の窩

は、人間が思うよりも些細な問題なのかもしれません。

鳥の場合、両眼で見たものと、左右それぞれの目で注視したものは、網膜のちがう場所に結像し、それぞれ別の神経繊維を通って脳へと送られます。こうした事実は判明しているものの、目に映っているものを、鳥の脳がどのように認識しているのか、意識の中でどう切り換えているのかは、まだよくわかってはいません。

左右の目にそれぞれ別々な像を映すことに不都合は感じていないようです。また、そうした視覚が混乱を起すこともないようです。

ある瞬間に鳥が意識を集中させて見ている点は、両眼視している先にあるものか、片目に映ったなにかか、とにかく視界のど

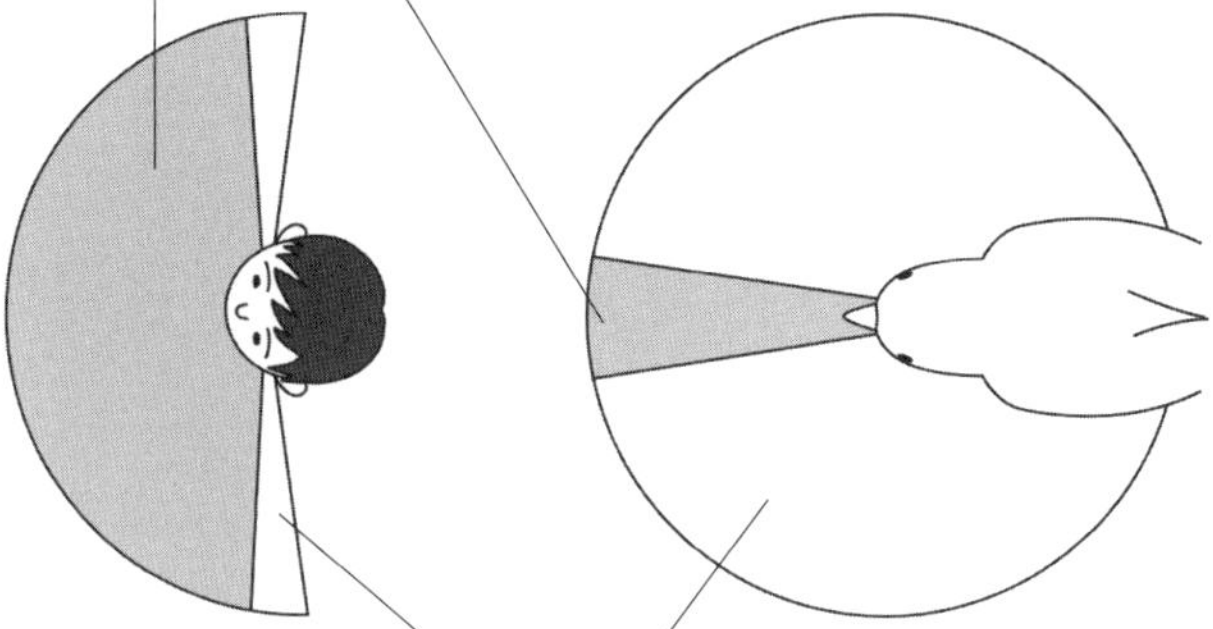

人間と鳥の視界イメージ。人間の両眼視領域が広いのに対し、多くの鳥は300度を超える広い視界をもっています。眼球移動により、人間の両眼視領域は左右に広がります。

図4　鳥の視界、人間の視界

こか一点のみだろうと推察できるだけです。

一般的な鳥の視野

人間の場合、両眼を使って見える範囲が二〇〇度近い一方で、そのエリアは顔の前方に限られますが、顔の両脇から飛び出すように大きな目が出ている鳥の場合、顔の前方では二〇度前後からそれ以下の両眼視領域しかもたないかわりに、鳥種によっては、くちばしのある顔の前方から頭の上方に至る帯状のエリアを両眼視することも可能です。それどころか一部には、頭の真後ろに両眼視エリアをもつ鳥さえもいます。

頭上の両眼視は、上空から狙う猛禽類などをいちはやく見つけ、その距離や、自分までの到達予想時間を把握することに、とても役立ちます。

目と目の間隔が空くと、両眼視できる領域が減るというデメリットがありますが、鳥は素早く自在に動かせる首でそれを十分にカバーすることができます。

多くが捕食の対象となる鳥の場合、両目で見ることよりも、上下左右あらゆる方向をくまなく見る目をもって、どこに敵がいようと確実に発見できることが生存上大事であり、そういう方向に進化してきたということなのでしょう。

その結果、ほぼ全周囲が見えるようになり、体の中心軸以外の死角がなくなった鳥もいます。両方の目でカバーできる領域は、ハトでおよそ三一六度。飼い鳥としてなじみのインコ類でも、三〇〇度を超える視野をもっています。

鳥と人間の色の見え方のちがい

鳥は色を見分けるための視細胞、「錐体細胞（錐状体）」を四種類もっています。実際に色に反応しているのは細胞内に存在する視物質で、物質ごとに感応する波長が異なっています。その結果、鳥の網膜には、紫外線から紫、青、緑、赤の四つの波長の光に感応する四種類の錐状体があることが認識されています。

これに対し人間は、青、緑、赤の三種類しか錐体細胞をもっていません（図6）。しかも残念なことに、人間は赤と緑の錐体細胞がつくる感度曲線が重なるように存在していて、三本の曲線の並びが均一になっていません。

これは、人間は一応フルカラーの視覚をもってはいるものの、すべての色が細かく識別できるわけではなく、色(波長)によって分解性にムラがあることを意味します。それに対して鳥は、四本の曲線がきれいに並んでいます。つまり、人間の色覚は、スズメにも、ニワトリにもインコにも大きく劣っているということです。

人間が属する哺乳類の多くは二種類の錐体細胞しかもちません。これもまた進化の帰結で、哺乳類の多くが夜行性の生き物だったことが原因です。カラーの視覚を犠牲にして、暗闇の中でも対象がよく見えるように、網膜中の視細胞のバランスを変えたと考えることができます。

進化が進んで樹上で昼光性の暮らしになったとき、人間の祖先は不都合をおぼえました。緑と赤の見分けがつかないと、果実が熟したかどうかの判断もつかず、食料確保に支障がでたためです。そこで、もとはひとつだった赤と緑を二つに分け、それぞれ別の錐体細胞として独立させました。これにより、三原色のフルカラーの視覚を確保したわけです。

鳥類や魚類などの視細胞を調べて結論づけられたのが、「もともと脊椎動物の目は、鳥のような四原色タイプだった」ということです。鳥類や魚類、両生類には色鮮やかな生物が多数います。色鮮やかであるということは、「その色が、その生物や近縁の生物の目にははっきり見えている」ということを意味します。

哺乳類は進化の過程で、もとは四つだった錐体細胞の半分を失ってしまいました。哺乳類の多くが、白、灰色、黒、茶色、赤褐色、栗色といったメラニン色素由来の色の毛皮しかもたないのは、錐体細胞を二種類しかもたないために色を十分に識別できず、色彩感覚に乏しい生物になってしまったことも、大きく影響したと考えられています。

また、あとからひとつ増やしたとはいえ、基本が哺乳類型の錐体細胞構成である人間の目には、三八〇～七五〇ナノメートルの光しか見えません。人間の目に見える光という意味で、この領域の光（電磁波）を「可視光線」と呼んでいますが、鳥の多くは紫外線が通過できる水晶体と、近紫外線領域まで感度をもつ錐体細胞をもっているために、鳥たちには人間には見ることのできない紫外線も見えています。三五〇～三八〇ナノメートルの波長の光は多くの鳥に見え、三二〇～三五〇ナノメートルの、より短い波長の光が見える鳥もいます。

近紫外線領域まで見えている鳥の目には、人間の目には雌雄同色にしか見えない鳥の羽毛が、明確にちがうものとして見えている例も多くあります。その数はとても多く、雌雄同色の鳥のうちの九割はちがう色や柄として鳥たちには認識されているようです。

四種類の錐体細胞によって広い波長領域をカバーしているという特徴のほかに、鳥の錐体細胞には哺乳類のものにはない優れた特徴があります。それは、「油滴《ゆてき》」という色のついた油球を細胞内にもっていることです。

宇都宮大学の杉田昭栄教授らの報告によれば、油滴の色は、赤、黄、緑、無色などで、錐体細

図5　鳥と人間の目が見ている波長領域

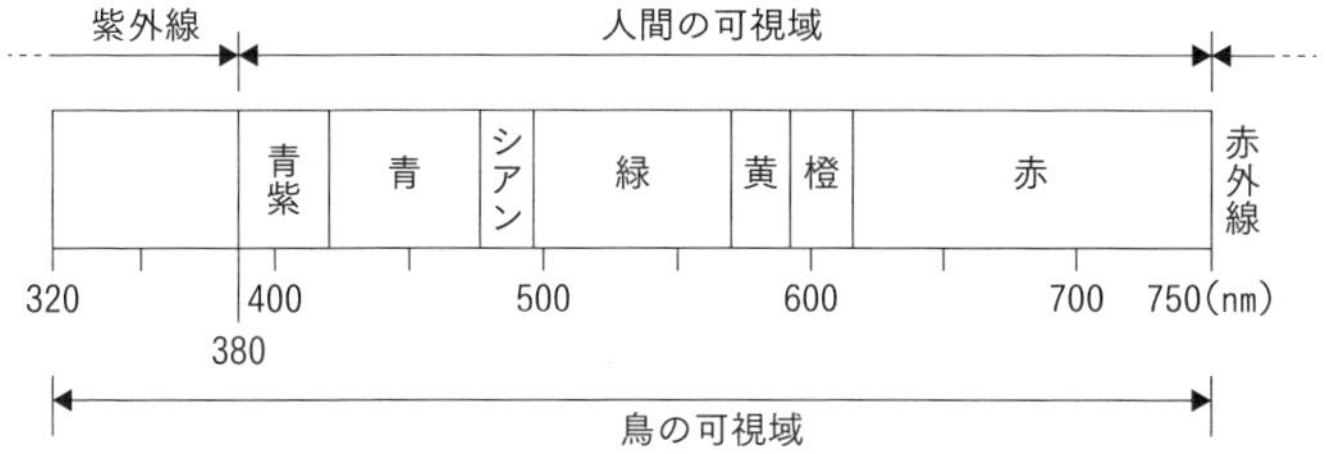

図6　錐体細胞の感度曲線

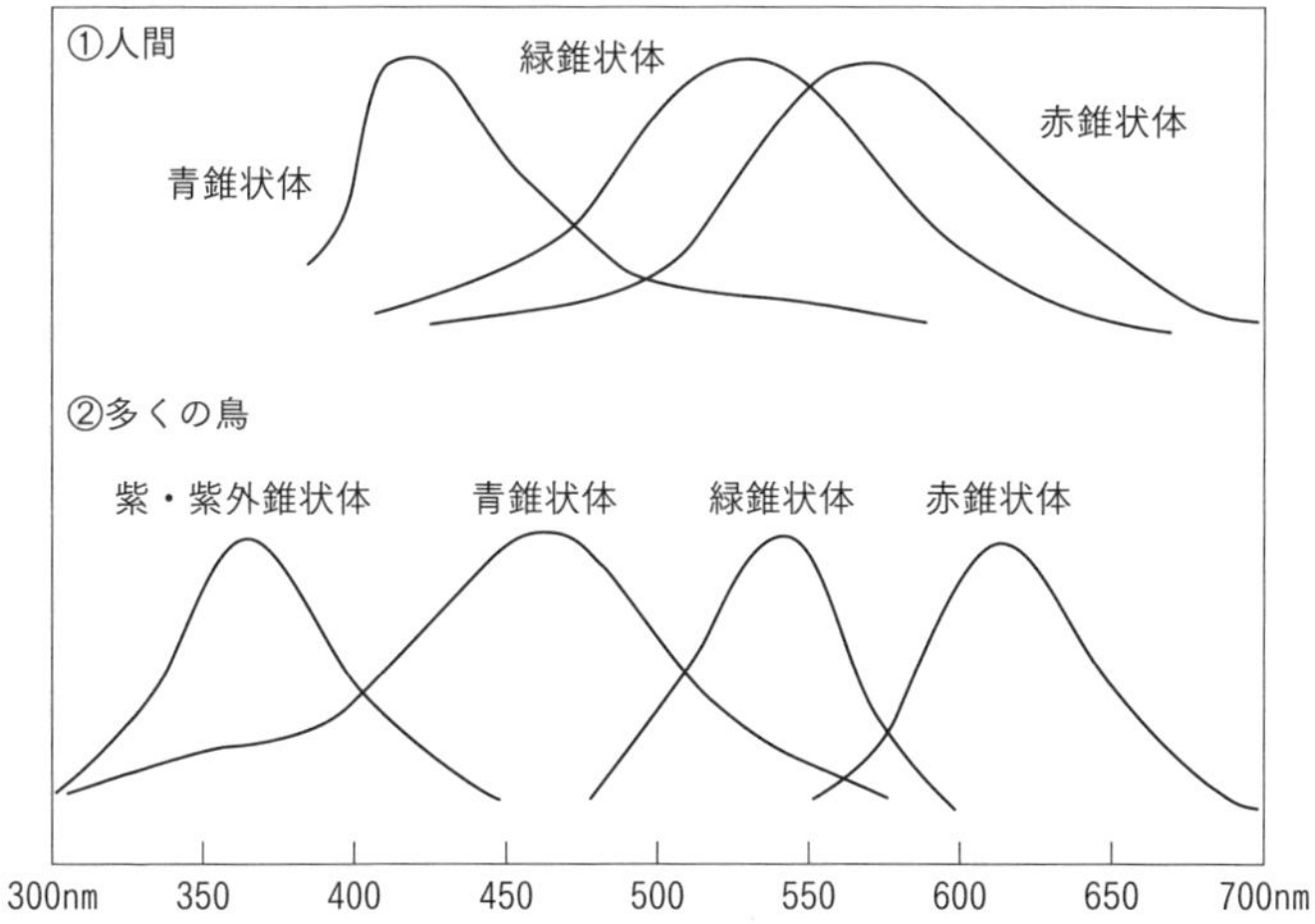

人間には見えない320～380nm の紫外線領域の光を見ることのできる鳥は多くいます。人間が３種類の錐体細胞しかもたないのに対し、鳥は４種類。しかも、並びのバランスがよく、紫外線領域にまで感受特性をもつため、鳥の目は紫外線が見えるだけでなく、可視領域でも、人間よりも細かく色を分解して見ることができます。

胞に入ってきた光に対して特定の波長の光だけを通すようなある種の「フィルター」として働き、細胞の感度を高めると同時に、視物質に届く光の波長を微妙に調整することで、結果的に鳥の色覚を拡充させる効果ももつと考えられています。さらに、油滴は球形をしていることから集光力のある凸レンズとしても機能しているのだろうと推測されています。

油滴は両生類がその錐体細胞内につくり、爬虫類や鳥類に受け継がれたもので、人間の遠い祖先もおそらくもっていたと考えられていますが、その後、哺乳類が錐体細胞の数を減らしたのと前後して、油滴も失われたとする説が一般的です。

霊長類になって錐体細胞の数をひとつ増やすことには成功したものの、油滴の消滅は後戻りできない進化だったようで、ふたたび取り戻すことは不可能でした。

磁力も「見る」？

一部の鳥は、地球の磁場を、目と脳のある部位の両方で感じ取ることができるようです。

かなり昔から、渡り鳥は体の中にコンパスをもっていると比喩のようにいわれてきましたが、現在、それは事実と考えられています。

ただし、感じた磁気についての情報をどうやって脳に届け、その情報がどう処理されてフィードバックがかけられているのか、メカニズムの解析はこれからです。

4　視界が流れるのを嫌う鳥たち

手に持ったニワトリを前後に動かしても、体を回転させるように角度をつけても、頭部はまったくぶれず、動かず、あたかも空間の同じ位置に固定されているように見えるTVコマーシャルがありました。「絶対揺れない」というタイトルの自動車のCMですが、インターネットでも視聴可能なため、見たことがある人も多いかもしれません。

訓練による演出でも、CGによる修正でもなく、ニワトリの体は自然にそう反応します。複数のニワトリが登場し、まったく同じ様子を見せるシーンが映像内にありましたが、野鶏を含めたすべてのニワトリが、同じ反応をします。

実は、こうした反応を見せるのは、ニワトリにかぎったことではありません。

顔の両横に目がついている鳥の多くは、自身が「獲物」として狩られる対象であることを本能的に理解しています。目の間隔を拡げ、広い視野をもつのは、自身を狙う敵に対する警戒力を高めるためであり、そうした鳥たちは体を移動させる際も、できるだけ顔を動かさないようにして、固定した状態で周囲を見る努力をします。

たとえば、電車に乗って窓から外を眺めているとき、人間なら眼球を動かして追うことで、特

ハトが首を振って歩いているように見えるのは、なるべく視界を動かさずにまわりを見るための「手段」です。

図7　ハトの歩き方

定の対象を相対的に止めて見ることも可能ですが、眼球が動かない鳥ではそうはいきません。

駅や神社の周辺などで、ハトが首を振って歩いている姿を見ることもあるでしょう。自身が移動しているという点で、「電車から外を眺めている人」と「歩くハト」は同じです。

ハトは歩きながらも景色が動くのを止めて、あたりの様子をしっかり見たいと願います。そうした思惑を実現するための、「景色が流れていかないように回避する、ハトなりの方法」こそが、あの「首振り歩き」なのです。

ハトは首の空間位置を固定したまま体だけ前へと移動させ、首の位置が維持できる限界までできたら、素早く首を体の前の方へ移動させます。そうした運動を繰り返しながら歩いています。

一定速度で動くハトの体に注目すると、私たちには前後に頭を振って歩いているようにしか見えず、「なんでこんな変な歩き方をしているんだろう？」と思ってしまうわけですが、ハトにしてみれば、「なるべく視界が動かないようしているだけですが、それがなにか？」というわけです。これが首を振りながら歩くハトの秘密です。

5　鳥の聴覚と平衡感覚器

鳥の耳の構造と特徴

耳は、音や声を聞き取る感覚器であると同時に、重力に対する体の傾きを察知して調整する「平衡感覚器《へいこう》」でもあります。

「声」は親子やつがい、群れの仲間との重要なコミュニケーション手段であり、ほかにも威嚇やナワバリの主張に使われるなど、鳥は人間が思うよりも多くの情報を、声を使って交わしあっています。また、耳に飛び込んでくる音をたよりに、周辺の状況を把握するといったことも日常的に行われています。さらに空を飛ぶ鳥にとっては、ほかの動物以上に平衡感覚が重要であることはいうまでもありません。

鳥の丸い頭を見て、どこに耳があるのかわからないという声をよく聞きます。一見、耳のようにも見えるミミズクの頭の尖っている部分（羽角《うかく》）も中身は羽毛で、耳ではありません。

耳というと、「ネコ耳」とか「ウサギの耳」などのような「耳介《じかい》」がイメージされますが、鳥の耳には哺乳類の耳介のような、外に飛び出たかたちの集音装置はありません。

鳥の耳は、くちばしの後方にある窪んだ部分の中央に、穴のかたちで存在しています。ゆるい漏斗状のくぼみが、哺乳類の耳介に相当します。頭部の一部であることから、漏斗の角度やかたちを変えることができないため、音源を探そうとするとき、鳥はしきりに首を動かします。音がもっともよく聞こえる角度を見つけることで、音源のある方向を正確に知ることができるからです。

特殊なのがフクロウ類で、大きく平たい顔をしているフクロウは、顔自体がパラボラアンテナのような巨大な集音装置になっていて、顔の表面で反射され、集められた音が耳の穴に入るしくみになっています。使えるものはなんでも使うのが生物とはいえ、「顔そのものが耳の延長」というのは、なんだか不思議な感じです。

メンフクロウ類の耳の穴は、左側がやや高く、左右が少し上下にずれた位置にあり、これによって音源の距離や位置が正確につかめるようになっています。もともと鳥も人間も、左右の耳に届く音のかすかな時間差などによって、音源の位置や距離、音源の移動速度・方向などを察します。フクロウはあえて耳の位置を上下にずらすことで、水平方向に加えて、垂直方向の定位の精度を大きく向上させているのです。

鳥の耳の位置やかたちがわかりにくいのは、耳の穴の周囲も羽毛で覆われていて、そこを直に見ることができないためです。耳羽《じう》と呼ばれる耳の穴のまわりの羽毛は、顔の周囲に流れる風量が増える飛行中も、風を自然に流し、音だけを内耳に導きます。雨やほこりから耳を守ることに加えて、収録スタジオなどでマイクの前に置かれる「ポップガード」のような役割も果たしていると考えられます。

耳の内部の構造にも、少しふれておきましょう。

一般的に、耳の穴から鼓膜までが「外耳《がいじ》」、鼓膜に接する耳小骨があるのが「中耳《ちゅうじ》」、骨に埋まるかたちで、音を捉えるセンサーである蝸牛管《かぎゅうかん》と平衡感覚の要である半規管《はんきかん》があるのが「内耳《ないじ》」です。半規管は縦横高さの三次元方向にそれぞれひとつずつ計三つあることから、まとめて「三半規管」と呼ばれます。

こうした耳のおおまかな構造は、哺乳類と大きくはちがいませんが、哺乳類では鼓膜の振動を伝える耳小骨がツチ骨、キヌタ骨、アブミ骨の三つに分かれているのに対し、鳥類では三つがまとまってひとつの骨（アブミ骨＝耳小柱《じしょうちゅう》）になっています。

また、頭部自体が小さいこともありますが、鳥類の鼓膜は耳のある皮膚表面からかなり浅い位置にあります。皮膚表面にある両生類と、人間ほかの哺乳類の中間レベルの位置です。

なお、地上を歩いて生活する鳥よりも飛ぶ鳥の方が三半規管が大きいことが確認されていますが、それは飛ぶ鳥が地上の鳥より微細な平衡感覚を必要としているからにほかなりません。

蝸牛管は、耳に入った音を電気信号に変換して脳に送る役割を担います。この名称は、哺乳類の蝸牛管がカタツムリ（蝸牛）の殻のような螺旋構造だったことから名づけられましたが、鳥の

図8　人間の耳の構造

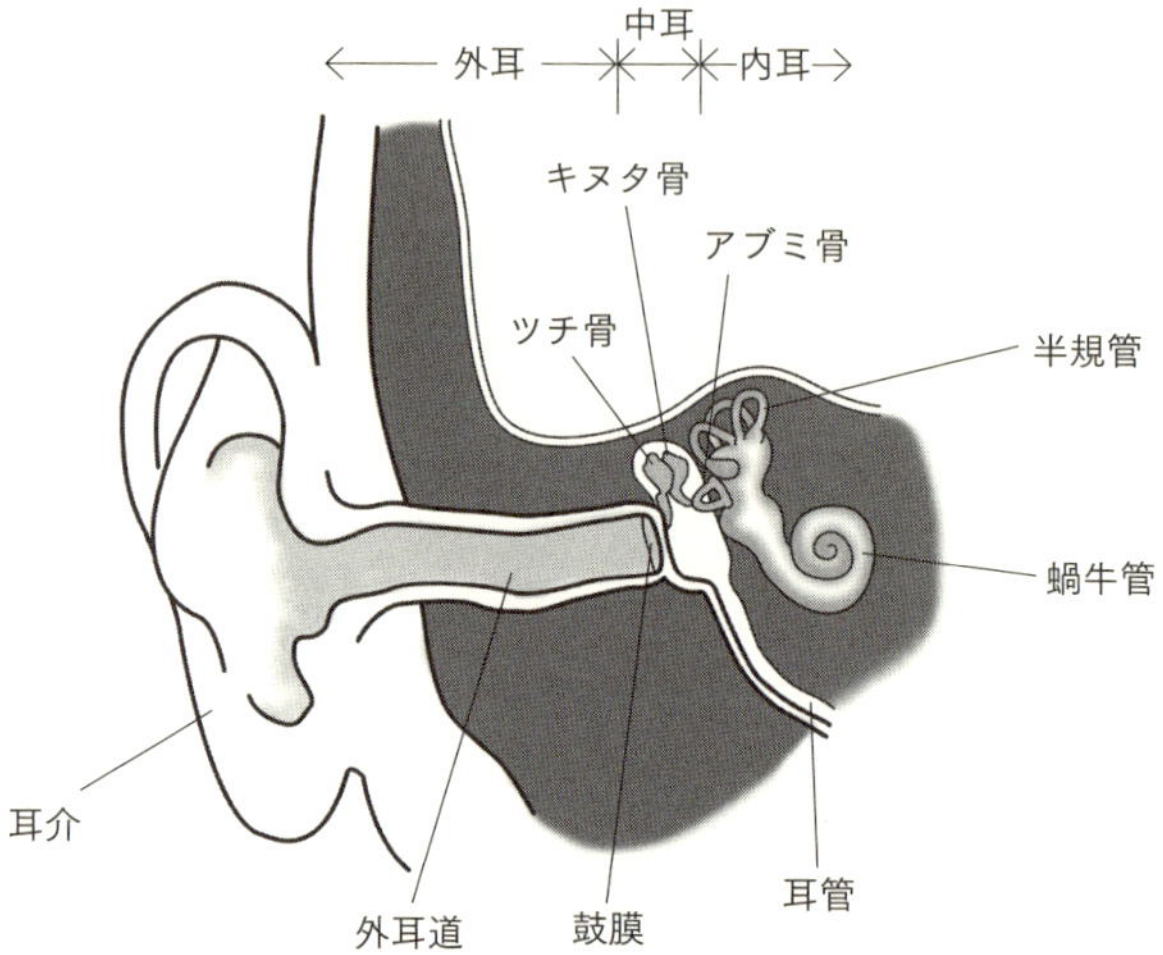

ここに挙げたのは人間の耳の構造ですが、耳の穴、鼓膜、鼓膜の振動を伝える骨に、蝸牛管と半器官が続く基本構造は鳥の耳でも変わりません。鼓膜までが外耳、アブミ骨がある耳管の空洞部が中耳、蝸牛管と半器官があるのが内耳です。なお、鳥の蝸牛管は哺乳類のような渦巻き構造ではなく、もっと単純な形になっています。

写真1　鳥の耳の位置

鳥の耳は、耳羽《じう》に隠れた顎のつけ根にあります。すり鉢状、あるいは漏斗状のくぼみの中心にあるのが、鳥の耳の穴です。

蝸牛管の外見はカタツムリのようなかたちにはなっていません。哺乳類と比べると単純な構造ですが、感度は哺乳類とほぼ変わらないことが確認されています。

蝸牛管の中はリンパ液で満たされていて、そこに「有毛細胞《ゆうもうさいぼう》」が並んでいます。鼓膜、耳小骨を通って蝸牛に入った音が有毛細胞を揺らすと、電気信号が脳の聴覚野に伝わるしくみです。耳に入った音の周波数と強さによって、蝸牛管内で揺れる有毛細胞の場所と揺れ方が変わります。これによって音の高さや強さがわかるしくみです。

なお、哺乳類では有毛細胞が壊れるとそれっきりですが、鳥類では壊れてもほどなく再生して聴力は回復します。そのため鳥類は難聴にはならないと考えられています。

鳥の聴力

人間の可聴域が二〇ヘルツ～二〇キロヘルツであるのに対し（※ただし、老化により、聞き取れる高音のレベルは徐々に下がってきます）、一般的な鳥が聞き取れる音の周波数は、だいたい一〇〇ヘルツ～一〇キロヘルツで、超音波が聞こえないどころか、人間よりも狭い可聴域しかもっていません。ただし、ハト類やニワトリ類の耳は、人間にはまったく聞こえなかったり、聞き取りにくかったりする一～二〇ヘルツの音を聞き取ることも可能です。

鳥の耳がもっとも聞こえる音の周波数は一～五キロヘルツであるのに対し、人間の耳がもっとも敏感に反応する周波数帯は三〜四キロヘルツであり、きれいに重なっています。

発声、ということについては、たとえば、ウグイスの「ホーホケキョ」の「ホー」の部分やフクロウの「ホー」は一キロヘルツ前後。さえずりの美しい鳥やスズメほかの鳴禽類の中心的な声は二〜六キロヘルツほどであることから、鳥の多くは、自分たちの耳で聞き取りやすい音域で声を出しているということがわかります。それは、鳥の発声器官では構造的に低い音を出すことができない、という肉体的な事情も大きく影響しています。

ちなみに日本人がふつうに話す声の中心的な周波数は、男性が一〇〇〜一五〇、女性が二〇〇〜三〇〇ヘルツで、歌うともっと高い音も出ますが、ソプラノ歌手でもないかぎり、人間の声帯では一キロヘルツ以上の音を継続して出すのは困難です。とはいえ、人間の声は鳥の耳にも十分に聞き取れる音域であり、鳥との声によるコミュニケーションを可能とします。

しかし、これが口笛になると状況が大きく変わります。口笛を使うと、声でも出せる五〇〇ヘルツ前後の音から、リコーダーよりも高い四キロヘルツ前後の高い音まで出すことが可能です。

つまり、鳥にとっては口笛の音の方が、自分たちが出す声に近く、聞きやすい音であるということです。インコ類などにとっても、自身の声でまねて再生しやすい音、ということになります。飼い鳥が男性よりも女性の声の方に反応しやすいのも、キーの高い女性の声の方が鳥にとってはなじみ、聞き心地がよいからでもあります。

野鳥を観察する際に口笛で鳥寄せをする人がいますが、それは口笛と鳥の耳の特性を生かした、理に適った呼びかけであるといえます。

なお鳥は、歌やさえずりのように時間とともに微細に変化する音も正確に記憶し、鳴禽類などは自己的な訓練を経て、それを再現することも可能です。

孵化前から聞こえる耳

キジ目やカモ目の離巣性《りそうせい》の鳥は、誕生直後から目も見えていて、孵化《ふか》の数時間後には親を追って歩き、自身で餌を探すしぐさなども見せますが、鳥の大部分を占めるスズメ目やインコ目の鳥は生まれて数日経たないと目は開かず、ものを見ることができません。それでも、どちらのタイプの鳥も、孵化前に耳は聞こえていて、声を発することもできます。

耳や聴覚記憶に関わる脳の部位は早期に完成し、ヒナは孵化する前から周囲の音や親鳥の声を聞いておぼえています。卵の中から声を出して親と鳴き交わし、それによって親の声をおぼえる種もいます。

エコロケーション

鳥のなかにもコウモリのように自身が発した音の反響をたよりに周囲の状況を知る、エコロケーションするものがいます。ただし、元来、鳥の耳には超音波領域の音は聞こえないため、コウモリなどとはちがって十五キロヘルツなど、自身の可聴範囲の中の高い音を利用しています。

6　鳥も味わっています：鳥の味覚

鳥も口腔内に「味蕾《みらい》」と呼ばれる感覚器をもち、これによって食べたものの味を感じ取っています。鳥ごとに好みの味が存在し、選択可能な環境では、食べたいものを選んで食べる様子も観察されます。鳥はけっして味がわからないわけではないのです。

味覚には、甘味、酸味、苦味、塩味、うま味の五種類があり、五味と呼ばれます。辛味という表現もときおり聞かれますが、「辛い」という感覚は味覚ではなく、痛覚を利用して得ています。なお、人間は唐がらしなどを食べると、中に含まれているカプサイシンに反応して猛烈な辛さを感じますが、鳥はカプサイシンを含むものを食べても、辛さを感じることはありません。

鳥が口腔内にもつ味蕾の数は人間に比べて極端に少ないことがわかっています。人間の成人で五千〜七千個、幼児で約一万個の味蕾があるのに対し、ニワトリ類でおよそ二十四個、ハト類で二十七〜五十六個、アヒルで約二〇〇個、インコ類で約四〇〇個などとなっています。鳥類のなかでインコ目が突出していることが、とても興味深く感じられます。

味覚は、嗅覚と合わせて、口にした食べ物が食べられるものかどうかを判定するために発達しました。酸っぱさは、食べられる時期が過ぎて腐敗した味であり、苦さは、アルカロイドなどの有毒物質が含まれていることを意味するものでした。

鳥類に味蕾が少なめなのは、種子食の鳥の場合、食べられるものかどうかの判断は、おおむね見た目で可能であること、そして殻を取ったり皮を剥いたあとは、基本的に丸飲みするため、味わう必要があまりないことなどが影響していると考えられています。

鳥の味蕾は、口蓋《こうがい》や舌のつけ根、咽頭、喉頭にあります。人間の味蕾が舌に集中しているのと対照的です。噛まずに丸飲みしていることに対応した分布状況と考えることができますが、それよりも大きな理由の存在を、鳥の口腔内の構造から指摘することができます。

味蕾は液体に満たされていて、そこに溶けた物質しか「味」として感じられません。ところが鳥類の口は、くちばしに進化してしまったがゆえに完全密閉することができなくなってしまいました。口の前方は濡れた状態を維持することが困難なため、味蕾を分布させたとしても機能させられず、無意味なものになってしまうのです。

こうした理由から、舌先など、くちばしの先に近い領域に味蕾の分布が少なくなったと考えることができそうです。

7 香りはどのくらいわかる？：鳥の嗅覚

鳥はあまり嗅覚が発達していないといわれます。しかし、嗅覚を活用して暮らす哺乳類に比べて数は少ないものの、鳥の鼻腔内にも匂いを感じるセンサーである嗅覚細胞はしっかり存在しています。鳥はけっして、匂いを感じ取る能力を失ってはいません。

多くの鳥が嗅覚にたよらない生活をしていますが、食べ物を探すことなどに嗅覚をフル活用している鳥もいます。その代表がニュージーランドの飛べない鳥、キーウィです。

多くの鳥の鼻の穴が、目にも近いくちばしのつけ根あたりにあるのとは対照的に、キーウィの鼻の穴はくちばしの先端付近にあります。夜行性のキーウィは、この鼻と強力な嗅覚を使って餌を見つけ出しています。

脊椎動物の脳の最前部には「嗅球《きゅうきゅう》」と呼ばれる嗅覚情報を扱う部位があります。五感のなかで嗅覚をとても重要視している一般的な哺乳類は嗅球がとても発達していますが、キーウィの嗅球は哺乳類に匹敵するほど発達していて、彼らがほかの鳥とちがって、嗅覚情報をたよりに生活していることがわかっています。

ちなみに、鳥の遠い親戚である恐竜のティラノサウルスの脳でも、嗅球は大きく発達していたことが頭骨化石の解析などからわかってきました。ティラノサウルスは目や耳だけでなく、嗅覚をも大いに活用した狩りのエキスパートだったようです。

キーウィ以外では、ミズナギドリ類やシロフルマカモメ、ヒメコンドルなどが発達した嗅球をもちます。ヒメコンドルは匂いで腐肉を見つけ出し、食料を得ていることが確認されています。

このほか、きわめて特殊な例ではありますが、身近な鳥にも匂いを活用しているものがいます。ハトです。

伝書鳩のレースなどが行われた際、遠くで放されたハトは、帰巣本能によって自分の巣のある場所へと戻ってきます。ハトは記憶にあるランドマーク、太陽の位置、地磁気などをたよりに帰るべき方向を探しますが、その際、空気の匂いも参考にしていることがわかってきました。

都市部や工業地帯、農村、山地などでは、排出されるガスや塵、植物が放出する化学物質などによって、エリアごとに固有の匂いが生まれます。帰還のための有力な情報として、ハトはこうした匂いも活用しているといいます。ただし、匂いを活用した帰還は、ハトがまだ若い時期に、自身が住む地域の空気の匂いを嗅いで、おぼえていることが前提です。

こうした例から、ＭＲＩなどを使ってハトの脳を撮影してみたところ、ハトの嗅球も大きく発達していることが確認されました。

II 鳥の脳と行動、文化

第5章　子孫を残すためのコミュニケーション

1　視覚と聴覚中心の鳥の情報交換

動物によって異なるやりかた

前章まで、鳥がたどった進化の歴史と、鳥の体の構造や五感の特徴について解説してきました。途中、人間の進化と、そこから見えてくる鳥と人間との類似点などにも少しふれましたが、ここからは実際に見られる鳥の行動と、その背景にある脳活動にも意識を向けながら、鳥が秘めた驚くべき能力と、人間との共通点について、もう少し詳しくみていくことにしましょう。

まずは、「コミュニケーション」から。

コミュニケーションは、群れをつくる高等生物が群れのなかで円滑に暮らしていくための手段として生まれたと考えられています。群れの安全を維持したり、スムーズな食料確保をするために、そこに属する仲間とのあいだで情報や感情を交換しあうことが必要だったからです。

群れのメンバーと協力しあうことで、個々や全体としての安全性が高まったり、少ないエネルギーで効率の良い狩りや採餌ができるようになると、コミュニケーションの重要性はさらに増しました。また、怪我や死亡事件などの深刻な対立を生むことなく、群れのメンバーの関係を維持していくためにも、コミュニケーションが円滑に保たれることが不可欠でした。

動物どうしのコミュニケーションでは、しぐさや顔の表情、音声、匂いなどが活用されます。また、舐める、毛や羽毛を繕いあう、たがいの体温を感じるなどの肉体的な接触も重要になります。人間のあいだのコミュニケーションも、基本的にはこの延長となりました。

現代の人間は、イヌなどのように相手の匂い（体臭）で個体識別をしたりはしませんが、体が発する悪臭は忌避される一方で、香水やシャンプーなど、身につける匂いもコミュニケーションに大いに利用されています。

人間は進化の果てに文化を得て、文字や言語を獲得しました。そして、手に入れた文字や音声による伝達を、コミュニケーションの手段として活用するようになりました。やがて、そうしたコミュニケーションは、人間の情報伝達手段の中心に位置するようになります。

現在、対面でのコミュニケーションにおいて、もっとも重要なのが「会話」です。もちろん身振り手振りなどの動作や、顔の表情なども大切で、ときにこれらを合わせ、ときに使い分けたりもしながら、日々、大量の情報をやりとりしています。人間は視覚と聴覚を中心に生活する生き物であるため、コミュニケーション手段も「視覚」と「聴覚」に寄ったものになりました。

鳥のコミュニケーション

鳥も同じです。鳥もまた「視覚」と「聴覚」の生き物であるため、挙動・しぐさや、声によるコミュニケーションがきわめて重要になります。つがいや親子など、親しい相手とのあいだでは、ほかの動物と同様に肉体的な接触も大切になってきますが、そうしたことを含めても、鳥と鳥とのあいだで、しぐさと声によるコミュニケーションが重要であることはゆらぎません。

スズメ目の多くが属する「鳴禽《めいきん》」と呼ばれるさえずる鳥たちが、「さえずり」という「技」を身につけて生活に生かしてきたのも、声を届けることがとても重要だったからです。

姿が見えないほど遠くにいても、近くにはいるものの木々の葉などに遮られてたがいが見えない状態でも、声なら相手に届けることができます。そして、簡単に自分の居場所や状態、感情を伝えることができます。知っている相手なら、その声だけで、だれなのか識別もできます。

意識して鳥のコミュニケーションを見つめていると、声かけや注意の引きかた、アピールのしかたなど、鳥の方法と人間のやりかたには、どこか共通する「もの」があることに気づくかもしれません。

動物は進化した環境のなかで得られた独自の五感をもち、その感覚をたよりに生活しています。

また、仲間と情報交換する際も、自身の中心的感覚を活用したコミュニケーションを行っています。それが、動物種ごとにコミュニケーション方法が大きく異なる理由です。イヌにはイヌの、人には人なりの、そして鳥にも鳥としてのコミュニケーションがあるということです。

人間は哺乳類ではありますが、ほかの哺乳類のように匂いを重視した生活は送っていません。それは、人間の祖先が鳥のあとを追うように樹上で進化して、目と耳を重視する生物に変化したことが大きく影響しています。

もっとはっきりいうと、人間は哺乳類のなかでもっとも鳥に近いやりかたでコミュニケートしています。鳥は誕生したときから鳥のやりかたを貫いている一方、人間は知らず知らずのうちに鳥のやりかたを追って、真似をしていました。その事実に気づき始めたのは、ごく最近になってからです。

興味深いことに、人間の言語が文法に基づいているのと同じように、特定の鳥のさえずりにも「文法」らしきものがあることが、専門家の研究からわかってきました。

さらに、鳥のさえずりの獲得と人間の言語の獲得の歴史には共通するところがあり、鳥がさえずりを学習するのと、人間の幼児が言葉を学んでいく過程やその際の脳活動にも共通点があると指摘されるようになってきています。

2 鳥にとってのコミュニケーション

ゆるくつながっている鳥の群れ

鳥は群れで暮らす生き物であり、子育てをする生き物でもあります。群れをつくらない鳥もいますが、子育てをしない鳥はいません。なぜなら、哺乳類と同様、生まれたばかりの鳥の雛は無力で、保温や食事の援助など、親の親密なケアがないと生きられないからです。

こうした事実から、鳥がコミュニケーションする相手としては、「つがいの相手や、その候補」「親子」「群れの仲間」の三者を挙げることができます。

飼育されている鳥では、人間や家庭内にいるほかの動物とのコミュニケーションも存在するようになりますが、それは特殊なケースであるため、この章の後半で別に項目を立てて解説することにして、まずは野生の場合を中心に話を進めていきます。

数十から千羽ほどの群れを目にすることが多いものの、鳥種によっては特定の時期に、十万羽を超える群れになることもあります。もちろん、そんな巨大な群れになると個々の認識など不可能で、隣を飛ぶ鳥は基本的に見知らぬ他人です。

「群れ」というと、イヌがつくるような群れを想像される方も多いかもしれません。しかし、ほとんどの鳥の群れは、そうした群れとは大きくちがっています。

多くの鳥は小さく、捕食の対象となる弱い生き物であることから、とても臆病な性質をもちます。虚勢は張りますが、なにかあったらとにかく遠くに逃げる、仲間のもとに逃げこむ、というのが常です。

鳥が群れに属するのは、そうしないと自分の身が危険にさらされやすくなるためであり、群れにいた方が食料や伴侶を見つけやすくなるというメリットがあるためです。こうした習性は、恐竜と共存していた時代の鳥でも、おそらく変わらなかったはずです。

生き延びるということに関して、動物はきわめて利己的です。特に体の小さな鳥にとって利己心は不可欠といっていいもので、猛禽類や肉食哺乳類に襲われた場合、自分以外の群れのだれかが犠牲になってくれれば自分は助かるという意識をもつのも、鳥にとってごく自然なことです。サイズが近く、食性が近い異なる種が混群をつくるのも、大勢でいれば自分が殺される確率が減らせるという意識が内にあればこそです。

そうした背景もあり、鳥は加わっている群れをたよりにはするものの、その一方で、群れに対して愛情や強い帰属意識をもちません。群れの大小にかかわらず、群れの内部でのコミュニケーションはきわめて希薄です。

大きな群れに属する鳥の意識は、数千人の居住者を抱える巨大な団地に住む人間の意識に似ています。隣に住む人の顔くらいはなんとなく知っているものの、どこにだれが住んでいるのかは気にしたこともなく、廊下やエレベーターでだれかに会えば、軽く挨拶する。その程度のつきあいの、たがいに無関心な都会の住民。それが鳥の群れのイメージです。

対してイヌの群れは、たがいが顔見知りで、個々の関係もはっきりと築かれています。人間でいえば、全員が顔見知りの「村」というイメージでしょうか。

鳥でも、一部に、家族や親戚などが集まったような小さな群れをつくるものがいて、前年に生まれた若い鳥が「ヘルパー」としてその年の両親の子育てを手伝うケースもあります。そうした家族ベースの小さな群れでは、まわりのメンバーがだれなのかをたがいに認知していて、イヌの群れと似た感覚をもちますが、こうした群れは鳥としてメジャーなものではありません。

いちばん大事なのは、つがいの相手

安全などを求めて加わってはいるものの、鳥にとって群れは「方便」。そこに属する同種の大部分は、本能に従った最低限のコミュニケーションだけ取れればいいという対象です。

鳥がもっとも大事にするのは、つがい相手やその候補とのコミュニケーションであり、そのあとに親子のコミュニケーション、家族がベースとなった小さい群れのなかでのコミュニケーションが続きます。

鳥の繁殖には、抱卵、子育て、という作業が不可欠で、いったん抱卵が始まると、オスかメスかどちらかが継続して、もしくは交代で、孵化まで卵を抱き続けなくてはなりません。また、雛が孵《かえ》ったあとは、苛烈な子育ても待っています。

生まれた直後から目も見えていて、自分の足で立てる離巣性《りそうせい》の鳥の雛ならば、親のあとをついて歩いて、親が食べるものを真似して食べたりもしますが、スズメ目やインコ目の雛などは、生まれた直後は目も見えず、ほぼ丸裸です。少しすれば羽毛は生えてくるものの、自身では体温も維持できず、餌をもらい続けないと、すぐに死んでしまいます。そのため親は交代で、またはどちらか一方が餌を探して飛びまわり、へとへとになりながら育児を続けます。

抱卵、子育てをする数週間のあいだに外敵に襲われて死亡する親鳥はもちろんいるわけですが、子育ての苛烈さから、心不全などで急逝する親鳥も実は少なくありません。鳥は成長が速いため、育雛《いくすう》期間は哺乳類と比べてかなり短めではありますが、そのぶん高密度で、体への負担が大きい重労働です。

離巣性でない鳥の場合、片親の体力だけではとても育てきれないため、鳥は確実に子孫を残し、血をつなげていくために、オス・メスがたがいに協力しあう、つがいの関係になります。鳥種によって一夫一婦のケースもあればそうでないケースもありますが、夫婦が協力しあい、がんばって雛を育て上げる姿は、人間と重なるところも多いのです。

選んでもらうために努力する鳥のオス

安全で確実な子育てのためには、「伴侶選び」がきわめて重要になってきます。ただカップルになるのではなく、できるだけ能力が高い相手を選ぶことが大事です。そんな相手を選ぶことで、よい子孫をしっかり残していけると本能が判断します。

体が大きく体力がありそうな相手が魅力的に映るのは当然のこと。哺乳類はそこに大きなウェイトがありますが、鳥の判断は少しちがっています。鳥には種としての「好み」や、その鳥なりの異性の「好み」や判断基準が存在していて、その兼ね合いのなかで伴侶選びをします。また、その際は、鳥種によっては、技や工作の成果物、贈り物を見せてのプレゼンテーション能力も大きく判断に影響してきます。

たとえば、複雑なさえずりができるオスは、「さえずり（歌）」に関して高度な能力をもち、それを可能とする優れた脳をもっていると判断されて、鳥のメスはそんなオスに大きな魅力を感じます。婚姻関係を結ぶことで、オスの優秀な遺伝子は子孫にも受け継がれ、それによって次代の繁栄がより確実になるとメスの脳は判断し、パフォーマンス能力の高いオスを選ぶと考えられています。優れた才能や身体的な資質はそのオスが優秀な遺伝子をもっていることの証拠であり、それゆえメスはそうしたオスを選ぶのだという説が唱えられていて、「優良遺伝子仮説」と呼ばれています。

異性に選ばれることで進んでいく進化を「性淘汰」と呼びます。鳥の美麗な姿や声、表現力は、こうした選択が何万世代にもわたって続いてきたことで生じた進化です。

ほぼ断定するかたちで書きましたが、「君が好きだ」「結婚してくれ」とアピールするのはほとんどの場合オスで、可否を判断し、受け入れるのはメスです。多くの種のオスは、色鮮やかな羽毛や付属する飾り羽根、声やさえずり、場合によっては、全身を使ったダンスまでして、自分をアピールします。こうした鳥の姿は人間の目にも魅力的に見え、ファッションや、音楽、舞踏などの芸術に大きな影響を与えてきました。

原始的な鳥は、いろいろな点で地味だったと考えられています。それが、「好ましい」と感じるオスをメスが選択し、つがいになっていく連鎖のなかで、好みが磨かれ、それに沿うようにオスの羽毛色や形状、さえずりやダンスが洗練されていった結果、色鮮やかな鳥はより色鮮やかに、さえずる鳥はより美麗で複雑に、ダンスをする鳥はよりシャープに、ときにアクロバティックにそれぞれを変化させていき、今のような鳥たちになっていったと考えられています。

たとえばクジャクのオスが目玉模様の長い尾をもつようになったのも、鮮やかな色や、大きな目玉模様や、大きく長い尾を「ステキ！」と思うメスが多くいて、オスはそうした好みに合わせるかたちで長く鮮やかになるように進化させてきた（そういうオスが選択されることで、そうではないオスが淘汰されて消えていった）、ということです。

目玉模様も鮮やかなクジャクの長い尾の羽毛。尾羽だと思われがちですが、長いこの部分は上尾筒と呼ばれる尾羽の上部にある羽毛です。本当の尾羽は、長い羽毛を支えるストッパーのような存在になっています。

写真1　クジャクの尾の羽根

繁殖前の大事な時期に、気に入った相手に自分を選んでもらうことにオスは命をかけ、そのためのコミュニケーション能力を磨いた。「自分のこと選んでほしい」という必死の訴えが鳥の美的な進化を促すと同時に、自己アピールの上手さにもつながるコミュニケーションが鳥の進化を促し、同時に異性間のコミュニケーションも洗練させていったと考えることができます。

また、つがいのどちらかが死ぬまでカップルであり続ける鳥では、その年の繁殖前に「今年もよろしく」という挨拶から、変わらない愛情をもっていることを示すディスプレイなどが行われるようになりました。

つがいが向き合って声を交わし、翼を拡げてみせたり、飛び上がったりするタンチョウの舞いなどは、身近で見ることができる愛情交換のコミュニケーションです。

生まれる前から擬似コミュニケーション？

ニュース映像などで、カルガモなど、同じサイズの雛をたくさん連れているカモの姿を見ることがあります。

鳥の場合、ひとつの卵を生み終えるまで、次の卵は卵巣から卵管におりてきません。複数の卵を生むには一定の間隔が必要です。たとえばマガモの場合、最大で十一～十二個ほどの卵を産んで抱卵します。当然ながら、すべて産み終えるには卵の数に近い日数が必要になります。

最初の卵を産んだ日からすぐに温めはじめる鳥もいますが、カモ類はそうしません。雛が揃って成長し、同時に孵化してくれた方が安全が確保しやすく、餌のある場所に移動させるのも効率的だからです。そのため、すべての卵を産み終えてから巣に籠もり、抱卵を始めます。

とはいえ、機械ではなく生き物ですから、産んだ卵のすべてが完全に同じ速度で成長する、というわけにはいきません。カモの抱卵期間は二十八日～二十九日。何もしなければ、孵化には一日、二日のズレが出ます。ところが、実際には、ほんの一時間から二時間という短い幅で、巣の中のすべての卵がいっせいに孵化します。まるで揃えたようにぴったりのタイミングで。

卵を抱きはじめてから孵化まで一カ月近い時間のかかる離巣性の雛の場合、孵化前のかなり早い時点から耳が聞こえていて、卵の外の環境音や親鳥の声に耳を傾けていることが知られていま す。それだけに留まらず、卵の中のカモの雛は、接する隣の卵の中の雛ともコンタクトを取っていました。

孵化が近づいてくると、声や、くちばしで殻の内側をくっつく「音」を使って、自分の今の成長状況をまわりの卵に伝えます。おたがいに伝えあうことで、孵化がいつか、巣にある卵の中のすべての雛が把握します。

自分の成長がほかの雛よりも遅れていることがわかった雛は、脳を通して自身の体に働きかけ、成長を速めて、ほかの雛と同じタイミングで孵化できるようにします。もしも何時間も孵化が遅れてしまったら、自分の誕生を待たずに親や兄弟は巣から離れ、自分は孵化寸前で死んでしまうか、孵化したときにはだれもいないということになりかねません。いずれにしても「死」は免れないため、とにかく必死で成長を速めます。

逆に、ほかの雛よりも早く成長していることがわかった雛は、成長を遅くして、孵化のタイミングを遅らせるように全身に指示を送ります。もしも早く孵化してしまったら、空腹を抱えたまま、全員の孵化を待ち続けなくてはなりません。カモの場合、抱卵も育雛も母親が一羽だけで行うため、先に生まれたからといって、先に餌場に連れて行ってもらったりできません。親は、ほかの卵が孵るまでそこから動けないからです。

一日も二日も早く孵化してしまうと、ほかの雛が孵ったころには衰弱して動けない、ということもありえます。そのため、必死で自分の成長速度を遅くするようにしむけます。そうした努力のかいもあって、カモ類の雛はごく短時間のうちに揃って孵化します。ほかの種では、ウズラの雛も同様のことをしていることがわかっています。

かなり特殊な例ではありますが、こうした雛どうしのバースコントロールも、ある種のコミュニケーションの成果といっていいのではないでしょうか。

もちろん、生まれる前の雛と親鳥とのあいだにも、さまざまなコミュニケーションが存在します。おたがいの声の特徴をおぼえて、孵化した瞬間から、声によって親子であることをしっかり認識できる鳥種も多くいます。

二〇一六年には、成長を弱めて小さく生まれてくるようにと、親鳥が卵の中の雛に呼びかける例があることが米サイエンス誌に報告されました。

論文によれば鳥種はキンカチョウで、外気温が二十六度を超えるようになると、親鳥が特殊なさえずりの声を卵の中の雛に聞かせるのだといいます。聞いた雛鳥は成長を遅くし、小さな体で生まれてきます。暑い環境にいると雛の体力の消耗が大きいため、熱が逃げやすい小さな体で生まれるようにし、そうすることで雛の生存率を上げているという報告でした。

親が発する特殊なさえずりを聞いたキンカチョウでは、成長を一定のところに留める脳のスイッチが入り、それによって小さい体で生まれてきます。耳から入った信号が脳の聴覚野を経由して、身体の成長コントロールに影響を与える脳の部位に送られることで、あらかじめ遺伝子に組み込まれていた遅延プログラムが発動すると考えられています。

なお、先に解説した孵化タイミングを合わせるカモやウズラの脳でも、似たようなスイッチが働いていると考えることができそうです。

遺伝子のスイッチという点に着目すると、キンカチョウの事例ははたしてコミュニケーションと呼んでよいものなのかという疑問も浮かび上がってきますが、キンカチョウの親からすれば、声を使って要望を伝達し、それを受け止めた雛がリクエストに応えたという事実は、やはり親子間のコミュニケーションの延長線上にあるものという認識になるのだと思います。

3 コミュニケーションはなんのため？

コミュニケーションの本質

群れが敵に襲われたとき、（つがい相手以外の）だれかが犠牲になることで自分が助かればいいと考えるように、鳥は自己中心の思考をします。エゴイスティックではありますが、それが生物の本質でもあります。

人間のコミュニケーションは一般的に、「相互理解をして、個人間や社会を円滑に機能させることが目的」などと語られたりもしますが、個人ベースで考えると事情は少しちがっていて、その個人が、周囲の人たちと上手くやっていけるようにコミュニケーション術を学び、磨きます。所属するグループのことはもちろん考え、必要な配慮はするものの、コミュニケーション能力を高めるのは、自分のため、自分がそこになじむためという側面が大きくあります。

人間の進化においては、コミュニケーション能力を高めることで、よい伴侶が得やすくなり、自身の遺伝子を後世に残しやすくなったという事実がありました。つまり、現代の人間社会のような社会ができる以前のコミュニケーションには、「子孫を残すため」という側面が、かなり強くあったわけです。もちろん現在に至っても、人間は自己の利益や、自身の生命の維持を最優先します。それも生物としては自然な姿です。

人間のような特殊な方向に社会化した動物には、「社会や身のまわりの環境を大事にして維持していく」という、目には見えない圧力も発生するようになり、コミュニケーションの目的も、それ以前に比べて幅ができます。しかし、そうではない、人間以外の動物にとっての「コミュニケーション」の核に存在するのは、やはり「自身の遺伝子を末代までつなげていけ」という本能の声です。

本書のテーマである鳥もそうです。鳥のコミュニケーションの基盤にも、自分の遺伝子を残す、という究極の目的が存在していると理解すると、その行動にも納得できるものがあります。

次善の策も

自分たちを襲う可能性のある外敵を見つけたり、ばったり出会ったりしたとき、鳥は悲鳴のような警戒音をあげます。「痛い」「怖い」といった反射的、本能的な悲鳴であることももちろん多いわけですが、その叫びは同時に、まわりの仲間に「危険」を伝えるものにもなります。

猛禽や肉食獣を見つけたという悲鳴は、自分の位置や状態を敵に教えるものとなり、自身の身により大きな危険を引き寄せる可能性も孕《はら》んでいます。それでも警戒音を発するのは、もしも万が一、自分が殺されるようなことがあったとしても、親兄弟や同種の仲間は逃げ延びて、結果的に自分の遺伝子に近い遺伝子を残してもらえるという判断が暗にあります。もちろん、その鳥がそんなふうに考えて叫ぶわけではなく、一連の行動も含めて遺伝子にプログラムされています。

鳥のなかには、雛や、卵を抱くつがいの相手を守るために、怪我をしたような挙動（パフォーマンス）を示して、あえて敵の注意を自分に引きつけようとするものもいます。おもに地上に営巣する鳥に見られる行動で、「擬傷《ぎしょう》」行動と呼ばれます。

自分は飛べない、弱っていると相手に信じ込ませて、自分の身を危険にさらすことで大事な相手を守る行為ですが、少しの判断ミスがあれば捕獲されて殺されるなど、当然ながらそこには大きなリスクがあります。それでも、守りたいものがある親は躊躇しません。

人間的と感動する一方で、我が身を犠牲にしかねないこうした行動をどう受け止めたらいいのか、理解に悩むかもしれません。その際は、こうした例を、「次善の策」と考えるとわかりやすいように思います。自分の遺伝子を残すのがいちばんであるものの、どうしてもそれができないときは近い遺伝子を残し、それすらかなわないときは同種のだれかが生き延びるようにする。それが生命のプログラムであると。

4　たがいの識別と好き・嫌いの判断

コミュニケーションのステップ

どんな動物でも、コミュニケーションには段階があります。

最初はだれもが初対面。接触してみないことには、どんな相手なのかわかりません。なんとなく見目が気に入った同種の異性でも、相手がフレンドリーな反応を返してくれるかどうかは未知数です。そのため、行動としては、まずはあたりさわりのないところから始め、相手のことが少しわかって、カップルになりたいとか、よい関係を築きたいという気持ちが出てきたときに自分を積極的にアピールし、相手の反応を待ちます。

出会ったばかりの相手、親しくなった相手、ライバルもしくは嫌いだと確信した相手、婚姻関係を結んだ相手では、相手に対する意識も相手がもつ意識も変化するため、相手の行動に対する反応も、コミュニケーションのしかたも大きく変わります。人間が状況によって変わるように、動物もまた変わるということです。

野生の鳥の場合、出会いの多くは、触れ合うこともなく、通りすぎて終わります。相手がだれなのか確認することさえありません。しっかり向き合うのは、カップルになる可能性のある異性と、異性やナワバリをめぐって対立する同性だけです。それでも、その多くは短い接触だけで終わり、コミュニケーションするというほどの状況にはなりません。

つがいになって初めて、明確で濃密なコミュニケーションが成立するようになります。つがいになった鳥は、声やしぐさで、気持ちや状況を相手に伝えようとします。それをしっかり読み取ることで相互のコミュニケーションは成立します。鳥は、相手の視線を追うこともできるので、なにを見ているのか、気にしているのかを察しあうことも、コミュニケーションの一環となります。

子育て期間中の自身の雛（子）とは強く結ばれていて、親子間のコミュニケーションも存在しますが、数週間から数カ月後には子離れ・親離れする「巣立ち」があり、その後は、基本的に他人です。自分の子であっても、特にオスどうしはライバルになるのがふつうです。

集団で越冬する群れや集団で渡りをする群れの中で、小集団となって、なんとはなくいっしょにいる時間が長い相手は、「そこにいても嫌ではない相手」としてゆるやかに認識されて、声や姿が記憶され、個体識別されていくようです。そこでは、ゆるやかでおだやかなコミュニケーションが成立します。

野生の鳥だけを観察しているとわかりにくいのですが、鳥は意外に個性に幅があり、好みにも幅があります。また、同じ状況でする行動や判断にもちがいがあります。たがいの相性というものも確かにあります。

コミュニケーションのしかたが劇的に変化するのは、狭い空間に複数の鳥が集められた状況になった場合です。そうした環境は、たとえば飼育というかたちで、人間によってつくられます。暮らす鳥が固定され、外と交わることのない狭い環境では、必然的に鳥どうしの接触密度が上がって、コミュニケーションのしかたも変化します。接触が多くなることで、野生では強く認識されることのない、相手に対する好き嫌いの感情が個々の鳥の心のなかで明確になっていくのも自然な流れです。

当然ではありますが、好きな相手、嫌いな相手で対応が変わり、それぞれとのコミュニケーションの密度や内容も変わってきます。嫌いな相手を無視する方法などを学ぶことも、変化するコミュニケーションの一端となります。

興味深いのは、そうした環境では、なにかをいっしょに楽しむ、遊ぶなどといった、人間的な接触も多く見られるようになることです。すべての鳥がそうなるとはかぎりませんが、つがい以外の相手とも呼び合い、それによって心が充足するような様子も見ることもあります。

人間のもとで暮らすことで変化する心、確定していく心に基づいた、鳥が他者を判断する際のフローチャートを次ページに掲載しました。この図を見ると、人間にも近い判断で、よく似た対応が行われていることがわかるはずです。

鳥と暮らす生活が当たり前の日常になっている人の場合、意識することはあまりないかもしれませんが、野生ではあまりはっきりとは見えてこない鳥の好みの判断を実際に見て、変化するコミュニケーションを身近で観察できるのは、きわめて貴重なことです。

もともと鳥の脳は柔軟で、置かれた環境に合わせるように行動自体を変化させます。インコなど、人間に慣れやすい鳥が人間と暮らしはじめ、安心・安全な環境に置かれてそこになじむと、野生下では抑えられていた心のある面が解放されて、より感情豊かな生き物に変化する様子を見ることができます。そうして柔軟な心を見せるようになった鳥は、コミュニケーションのしかたまでも変化させせます。

野生の鳥の場合、先にも解説したように、コミュニケーションは第一に、つがいになるためのプロセスであることから、家庭内で見る鳥とは様相が変わってきます。オス主体に見ると、オス

図1　飼育下にある鳥の識別と判断のフローチャート

出会い （第一印象）	→	最初の接触 （最初の判断）	→	複数回数の接触 （判断の修正、追加）	→	判断 （最終判断）

出会い（第一印象）
→なんとなく好き
→なんとなく嫌い
→関心がもてない

↓

最初の接触（最初の判断）
→好き、好きかもしれない
→嫌い、気に入らない
→そばにくるな！

↓

複数回数の接触（判断の修正、追加）
→やっぱり好き
→やっぱり嫌い
→よくわからない相手

↓

判断（最終判断）
→好き、カップルになりたい
→嫌い、気に入らない
→よくわからないので距離を置く

同種、異種、さらに同じ空間（家）に暮らす複数の人間に対しても、同じ判断が働きます。第一印象はその鳥が種としてもっている傾向に加えて、経験から生じる価値観がつくります。

は近くにいるほかのオスを徹底的に追い払おうとします。追い払う手段は、全身による威嚇、威嚇の声、くちばしによる物理的な攻撃などです。

遠ざけようとするのは、よい相手（気に入ったメス）をだれかに奪われないようにするためですが、最終的に追い払ったオスがそのシーズン、つがいになるメスを見つけられなければ、自分の子孫がより繁栄できるという判断もあります。

メスについては逆に、できるだけ多くを自分のもとに近づける努力をします。たとえ自分が「いい」と思っても、相手に気に入られなければそれまでであり、自分が確実に選ばれるためには、より多くのメスにアタックできる環境を整える必要があるからです。

ナワバリをつくる鳥も多くいます。自分のナワバリからほかのオスを排除して、メスはいつでも歓迎という状況をつくることで、多くのメスと接触し、よい相手に選んでもらおうとします。よいナワバリを構えることは、安定した育雛にも影響してきます。餌が豊富な場所なら、より少ないエネルギーで十分な餌を確保することができて、まさかのための余力も残すことができます。

ナワバリの維持は、メリットがある一方で、大変な仕事でもあります。ナワバリを確保したオスは、飛びまわって侵入者を確認し、見つけたら攻撃して排除する一方、ここがナワバリであることを「声」を使って高らかに宣言し続けます。ほかのオスがそこに進入して、声を張り上げてさえずるのは、ナワバリの持ち主に対して喧嘩を売る行為であり、「宣戦布告」となります。その後、両者は戦い、そのナワバリは勝った方のものとなります。

ナワバリを維持するという目的のために、繁殖期以外もさえずりを続ける種もいます。

鳥が他者を識別する方法

視覚と聴覚が中心感覚である鳥は、おもに目と耳を使って相手を識別します。出会った相手は、特徴をパターンとして捉えて記憶し、次に会ったときに知っている相手かどうか判断します。

似た姿に見えても、微妙なちがいは必ず存在します。羽毛のどこかに薄い色があったり、斑があれば、はっきりとわかります。紫外線まで見える鳥の目で見ると、羽艶《はづや》のちがいもよく見えます。このほか、体格や体型なども判断の材料です。ニワトリでは、鶏冠（とさか）の色や形でたがいの識別が行われているという報告もありました。

それ以上に明確にちがいを知ることができるのが「耳」です。人間の声にも一人ひとり微妙なちがいがあり、それをもとに知り合いの識別ができるように、鳥も、同種であっても、その声には微妙な差異が存在します。特にオスがさえずった場合、そのちがいは明確です。

人間の耳では、鳥のさえずりの細かい部分まで完璧に聞き取ることができませんが、長いさえずりのフレーズには、鳥ごとに音質から周波数変化まで幾多のちがいがあり、多くの鳥——特にさえずるスズメ目の鳥、鳴禽類は、その異なりをしっかりと把握することができます。

また、たとえばピッチ一二〇など、テンポの速い楽曲に三十六分音符が連なっていると、その音を細かく聞き取ることは一般の人間にはかなり困難ですが、鳴禽は人間の耳に比べて十倍も細かく音を聞き分けられる能力をもつため、三十六分音符をさらに八分割しても、さらにピッチを上げても、個々の音を聞き分けることが可能です。そして、それを記憶することも可能です。こうした高い聴力を使って、鳥は相手がだれなのか判断しています。

相手の個体識別をする際、人間は、顔の特徴や背格好、歩き方、声の質やしゃべり方など、さまざまな特徴を合わせて判断をします。遠くから呼びかけられたり、遠くを歩いている姿を見ても、それがだれなのかわかるのは、相手の特徴をデータベースとして脳のなかにもっていて、目や耳から入った情報とそれらをつき合わせて識別しているからです。

鳥が同種の鳥を識別する際も、同じやりかたです。鳥も、知っている相手の特徴を脳内にデータベースとしてもち、それと照合しながら、相手がだれかを判断します。また同時に、ふだんからコミュニケーションしている知り合いなら、姿が見えなくても、声や立てる音を聞くだけで、どこでなにをしていて、場合によっては、どんな気持ちなのかも察することが可能です。

飼育されている鳥が同居する人間を見分ける際も、身長、髪型、メガネの有無、ふだんの服装、歩き方のほか、歩くときに立てる音、声の質、話し方、使う言語など、ふだんの生活のなかで観察して得られた各人の情報をデータベースとして脳のなかにもつことで、その人がだれなのか、判断ができます。そうした人間の識別に、過去の経験からかたちづくられた「好き」や「嫌い」、信頼できる相手か否かなども合わせて、人間の個体ごとの接し方を決めていきます。

5 鳥のコミュニケーションにとって重要な発声

「地鳴き」と「さえずり」という二種類の声

飛翔する鳥にとって、目から入ってくる視覚情報は絶対に欠かせないものですが、鳥の生活において、より広く活用されているのが、耳から入ってくる多種の音、聴覚情報であり、「声」による伝達です。

視覚は目をつぶると閉ざされてしまいます。障害物・遮蔽物の多い場所では、見えないものも多くなります。逆に見たくないものと出会ったときは、その場から立ち去れば見ないで済みます。しかし声なら、多少離れた場所でも、遮蔽するものが多い場所でも届きます。鳥は表情筋が極端に少ないため、人間のように微妙な表情をつくって相手に示すことができません。でも、声ならば、伝えたい感情も伝えたい相手にまっすぐ届けることができます。

見た目が地味な鳥でも、よく響く声をもっていたなら、伝えたい相手に自分のことを伝えることが可能になります。それは鳥にとって、とても大きなメリットです。

耳はつねにオープンな状態にあり、眠っているときも機能しているため、身体を脅かすような音が聞こえた場合、瞬時に覚醒スイッチが入って飛び起きます。もちろん、だれかが呼びかけても、目を覚まします。聞きたい意思があろうとなかろうと、耳は勝手に声や音を拾って脳に伝えるため、自分に関心を向けたい鳥にとって、相手に向かって呼びかける声は絶好の手段となります。

声で注意を促したり、聴覚を安全確保の手段とすることは多くの動物で行われてきましたが、進化のなかで鳥は、声を有効な「コミュニケーション・ツール」にすることに成功しました。

鳥が出す声には「地鳴き」と「さえずり」の二種類があります。地鳴きは基本的に一音節で、すべての鳥が生まれながらに出すことができる声です。警戒音などの危険を知らせる声や、雛が親に空腹を知らせる声（餌をねだる声）などが地鳴きにあたります。

地鳴きとして出す声は種によってさまざまで、多くの鳥が生活のなかで何種類かの声を使い分けていますが、そのすべてが遺伝子を介して脳に刻まれているため、同種ならば声の意味を理解するのになんの苦労もいりません。切迫した響きの警戒音なら、異種のものでも理解が可能です。

対してさえずりは、コミュニケーションに特化した声で、訓練なしにはきれいに発することができません。複数の音節からなり、音楽的な響きをもつことから、古くから「歌」と形容され、鳥がもつ好ましい資質として人々に歓迎されてきました。心に「癒し」を与えてくれるものとして、さえずりを集めた音源ＣＤがよく売れたこともあります。

西洋音楽を中心に、鳥のさえずりをモチーフとした楽曲は何世紀も前からつくられてきました。

表1　地鳴きとさえずりのちがい

【地鳴き】
［目的］仲間に危険を知らせる、親に空腹を伝える（ヒナの場合）　など
［特徴］
・多くの場合、一音節（単音）で、1/20秒前後
・声を出そうと意識せずに発せられることも多い
・その種の鳥が生まれながらにもっている声で、訓練の必要がない
・同種の鳥ならば、だれもがその意味を理解する

【さえずり】
［目的］メスの獲得、ナワバリの獲得（維持）
［特徴］
・複数の音節から構成され、長く続くことも多い（１秒～）
・人間の耳には音楽的に聞こえることもある
・明確な意思のもと、発声する
・学習によって獲得するため、練習が必須。また、一定の週齢、月齢までに模範の歌を聞いて覚える必要がある

鳥の歌やその技法からインスピレーションを得たと語る音楽家も何人もいます。有名なところでは、ベートーヴェンの「田園交響曲」で、サヨナキドリ（ナイチンゲール）、ヨーロッパウズラ、カッコウのさえずりが、それぞれフルート、オーボエ、クラリネットで表現（再現）されたことが挙げられます。現代音楽の作曲家であるオリヴィエ・メシアンが、実際の鳥のさえずりを採譜し、「鳥のカタログ」という作品にまとめあげたこともよく知られています。

「歌」としてのさえずりをもつのは、鳴禽類とも呼ばれるスズメ目のスズメ亜目の鳥です。さえずりもまた進化によって得られたもので、さえずりやそれに近い発声が可能な鳥では、発声行動ができるように、

脳が特殊な方向に進化したことがわかっています。それは、早期に分化した古いタイプの鳥はさえずりをもたない、ということも意味しています。

種によって、たったひとつのさえずり（歌）しかもたない鳥がいる一方、百を超えるさえずりをもつ鳥もいます。さえずるのは基本的にオスですが、アジアやアフリカ、南米の熱帯のジャングルに暮らす鳥では、メスもさえずりをもつことが多く、アカハラヤブモズなど、オス・メスで二重奏のように声を重ねる鳥がいることも知られています。日本でも、オオルリなどがメスもさえずり、オスとのあいだで鳴き交わしをします。

完全な成鳥と認められる一歳を過ぎても学習能力を維持するヒバリなど、一部に例外はあるものの、さえずりの学習には基本的に「臨界期」と呼ばれる期限があり、成長過程のある時期までに学習ができないと、さえずりが困難になります。完全にできなくなるわけではないものの、学習能力が極端に落ちる鳥もいます。また、さえずりの多くは、手本となる歌を聞いて学習するものであるため、歌が上手な鳥が身近にいないと、レベルの高い歌をうたうことができません。

地鳴きは短いこともあり、そのほとんどが特定の周波数の固定された音であるのに対し、通常一秒以上の長さがあるさえずりでは、高い音から低い音を経てまた高い音になるなど、ダイナミックに声の周波数が変化するのがふつうで、多くの鳥が周波数変化を上手く利用して、その種なりの、そして自分なりの美麗な歌をつくりあげています。

鳴管と声帯

人間は喉の奥、喉頭部にある「声帯」を使って声を出しますが、鳥の声は、気管支が肺に向かって二つに分かれる部分にある「鳴管」によってつくられます。声帯が筋肉組織であるように、鳴管にも複数の筋肉がつながっていて、それらのコントロールによってさまざまな音色、さまざまな周波数の声を発することが可能になっています。鳴管の周囲にある気嚢（鎖骨間気嚢）内部の空気の状態によっても、鳴管外部にかかる圧力が変化し、生み出される音が変わります。

さらに、鳥種によっては人間の舌にも近い柔軟で筋肉質の舌をもつものがいて、鳴管と、そうした舌と、そして途中の気管の長さをコントロールすることで、さまざまな音色をつくりだすことができるようになっています。

なお、人間の喉には音をつくる部分がひとつしかありませんが、鳥の鳴管の音をつくる部分は気管支の左右にひとつずつあります。鳥は左右の発声部を別々にコントロールして、同時に、倍音関係のない、ちがう高さの音を自在に出すことができて、これが複雑なさえずりを生み出す源となります。

また、左右の気管支がつながりひとつになる部分には「鳴管鼓室《めいかんこしつ》」と呼ばれる、内部で音を反響させられる部位があります。こうした部位を上手く使い、鳥は「歌う」のです。

もう一点、鳥の発声に関してとても大事なことがあります。それは、鳥が「息を止められる」ということ。脊椎動物はみな肺で呼吸していますが、息を止めることができるのは、水中に潜る生き物以外では、人間と鳥くらいです。また鳥は、息の強さやタイミングを自分の意思でコントロールすることもできます。鳴管や声帯は楽器と同じ。息を止めたり、鳴管を通る空気の流量コントロールができて初めて、有効に活用することができます。

人間は、息を吐き出すときに話したりうたったりできますが、鳥もまた同じです。息を吐くときのみ、声が出ます。たとえばカナリアは、一秒間に二〇〜三〇ものフレーズを詰め込んでさえずりますが、その際は、一音ごとに短くブレスを入れて（息を吸って）さえずっています。カナリアはさらに繊細な歌もうたうことが可能で、一秒間に三〇以上のフレーズを詰め込むことも可能ですが、その場合、間隔が短すぎて途中のブレスが難しいことから、息継ぎをせずに一気に歌います。ロングトーンが可能なのは、鳥には肺の数倍の容量をもつ気嚢が体内にあり、十分な量の空気を溜めておけるためです。さえずりには、鳥特有の大きな肺活量が生かされてい

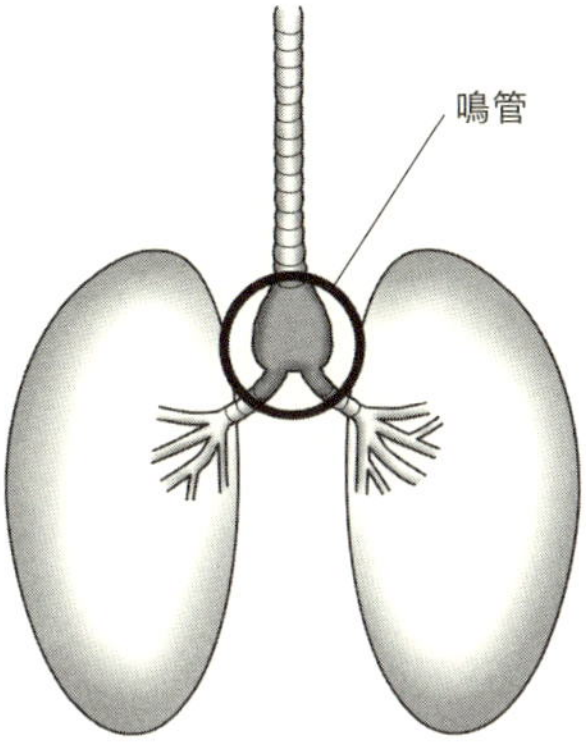

鳴管は気管支が肺に向かって二本に分かれる部分にあります。

図2　鳴管の位置と形

ます。

なお、鳥が、気管を流れる空気のほぼ一〇〇パーセントを発声に利用できるのに対し、人間ではわずか二パーセントほど。後進はやはり、まだ少し劣っているようです。

鳴管は鳥が誕生した直後にはその体内に存在していたようで、白亜紀後期の鳥の化石から鳴管の痕跡である石化した輪状軟骨が発見されたという報告が、二〇一六年に英科学雑誌ネイチャーにありました。その形状は現代のカモ類ととても良く似ていたことから、おそらく似たような声で鳴いていたのだろうと、米テキサス大学のジュリア・クラーク准教授は語っています。

さえずりの目的と効果

鳥がさえずる目的は、おもに次の二つになります。
〇自分がよい声をもった優れたオスであることの主張　↓メスの獲得
〇自分の居場所の宣言、自分のナワバリの宣言　↓ナワバリの主張・維持
さえずりは繁殖と強く結びついたものであり、そのために「さえずる期間」というものが設定されています。その時期をコントロールしているのが、性ホルモンのテストステロンです。

哺乳類の精巣が体の外に位置しているのは、精巣という組織は熱に弱く、なるべく低い温度を維持できる場所に置かれる必要があるためです。鳥の精巣も同じで、ずっと高温にさらされている状況は好ましくありません。まして鳥は、四十二度前後という高い体温の生き物です。そのためオスは、交尾する直前の短い期間だけ精巣を肥大化、活性化させて精子をつくるようにしています。鳥の発情と血中の男性ホルモンの高さ、精巣の肥大は、密接に関係しています。

メスの体内でも、ホルモンが心理や体の変化に大きな影響を与えています。子育てをする直前の時期にホルモンによって脳内のスイッチが入ると、オスのさえずりが魅力的に聞こえるようになり、積極的につがいの相手を見つけようとするようになります。鳥種によっては、オスのさえずりがメスの脳内にある発情スイッチを入れる働きをもちます。

さえずる鳥のオスの脳は、モデルとなるさえずりを記憶して、自分のさえずりをつくりあげるしくみをもっています。一方、同種のメスは、さえずりを聞いてその善し悪しの判断ができる脳になっています。このように、人間と同様、鳴禽類の脳には性差があることも判明しています。

さえずりは特別な「音声コミュニケーション」

声を使った「音声コミュニケーション」は、セミやコオロギ、スズムシなどの昆虫類でも行われています。しかし、さえずる鳥や人間のコミュニケーションには、それとは質的なちがいが存在します。それは、さえずりの特徴でも挙げたように、発声を「学習するか、しないか」というちがいです。

人間は成長する過程で、まわりから聞こえる言葉をもとに、日本語なら日本語、英語なら英語という言葉（言語）をおぼえ、おぼえた言葉で会話をします。さえずる鳥もまた、幼鳥から成鳥になる時期に耳にしたさえずりを記憶、学習して、さえずりを身につけます。ともに、「まね」から始まり、時間をかけて熟練度を上げていきます。こうした学習を「発声学習」と呼びます。

発声学習するには、聞き取る耳と、聞いた音や声を発する発声器官が必要です。同時に、聞き取った音や声を学習する脳の機能も必要になります。そのすべての条件が揃わないと発声学習はできません。そのため、地球上で発声学習が可能な生物は、ごく限られたものになっています。

鳥類は、インコ目、ハチドリ目、スズメ目のなかのスズメ亜目が可能で、鳥類全種のおよそ半分の約五〇〇〇種に〝できる〟能力が備わっています。

オウムやインコなどが人間の言葉をまねて話すことはよく知られたとおりです。上手く話せる鳥では、「あ」は「あ」の音、「い」は「い」の音に聞こえますが、声紋分析（ソナグラム）の機械で人間と鳥の言葉を比較すると、まったく異なる波形を見ます。鳥は、鳴管や気管や舌の組み合わせで、人間の声帯がつくるのに近い「音」を〝努力して〟つくっていました。

「発声学習」する能力があっても、その再現力には大きな差もあります。まわりに棲む鳥の声から機械式のカメラのシャッター音や救急車のサイレン、チェーンソーの音まで、ほぼ完璧に再現できるコトドリのようなものから、なんとかギリギリ近い音に聞こえるというレベルのものまで、実にさまざま。ちなみに、言葉をおぼえる鳥と広く認知されているオウムやインコが、野生でその能力を見せることはほとんどありません。予想外かもしれませんが、身近な鳥の代表であるカラスやスズメやヒヨドリなどでは、本人にやる気や興味があって、なおかつ誕生から早い時期から教えることができれば、個体によっては人間の言葉を話すことができるようになります。

一方、哺乳類では、発声学習するのは、人間と、イルカ・クジラの仲間、鯨類のみです。クジラが「歌う」こと、遠くの仲間と「声」でコミュニケーションしていることは古くからよく知られていました。また近年は、学習によって「方言」も生まれていることがわかっています。

チンパンジーやボノボ、ゴリラは、人間ととても近い遺伝子をもった仲間ではありますが、彼らに発声学習をする能力はありません。陸上哺乳類では、人間だけがもつ特別な力です。

6 鳥のさえずりのなかの文法と、人間との共通点

さえずりのタイプ

さえずりには、ある程度、決まったかたちのメロディラインをより美麗になるように磨き上げ

るタイプのものと、ある程度きまった音の連なりを組み立てて、アレンジの効いたものにしあげるタイプの二つがあります。

ウグイスの鳴き声などが前者で、ジュウシマツなどの鳴き声が後者です。前者では、声が大きく、響きが流麗で耳に心地よいと（メスが）感じられるものが、魅力に満ちたよいさえずりとなります。一方、後者では、ユニットを上手く組み合わせた複雑な歌にメスは惹かれます。

メスの選択によるこのような性淘汰が働いて、複雑な歌をもたないオスが子孫を残せなかった結果、複雑な歌をうたえるものが残って、さえずりが進化していったと考えられています。

文法に基づいた「さえずり」をもつジュウシマツ

後者のタイプのジュウシマツのさえずりを録音し、詳しく分析すると、音のつながりがユニット化していることがわかりました。ある音の連なりをA、別の連なりをBといったようにA、B、C……G、H、Iと分けてみると、ジュウシマツaの全体としてのさえずりは、

（a）ABC、DEF、ABC、DEF、GHI、ABC、DEF……

などと表すことができます。

別のジュウシマツ（b）のさえずりを、

（b）ACB、JK、ACB、JK、ACB、JK、ACB……

ジュウシマツは江戸時代の日本で、東南アジア産の野生のコシジロキンパラを品種改良して生まれた、野生には存在しない鳥です。良い鳴き声の鳥を選択的に残すなど、人間が進化に手を貸した結果、わずか二百年間で祖先のコシジロキンパラには見られない複雑なさえずりをもつ鳥になりました。

写真2　ジュウシマツ

と表せるとしたら、aはbより複雑な歌をうたうということになりますから、両者が近くで声を張り上げていたら、メスはaの歌の方を魅力的と感じて、こちらを好きになる可能性が高いということになります。

発するさえずりをある決まった小ユニットに分けることができ、その連なりに一定の規則ができていて、発声者のはっきりとした意思のもと、それが再現されているとしたら、その規則は人間の言語でいうところの「文法」に相当すると考えることができます。

単語ひとつひとつに意味があり、その組み合わせで内容のある言葉をつくる人間の言語の文法とは大きくちがってはいますが、構成という点にのみ着目すると、動物のなかでは例をみない、きわめて高度な音声表現であり、それができる鳥、ジュウシマツの脳は、言語機能的な活動ができる、高度に発達したものであると考えることができます。こうした点もまた、鳥のすごさを感じるところです。また、そこに人間との共通点が見つけられることを、とても興味深く思います。

さえずりを学習する方法

先にも解説したように、人間も鳴禽も、だれかの声や歌を聞いて記憶し、それを思い出しながら、ひとり繰り返し練習して、話すことをおぼえていきます。さえずりの学習には基本的に臨界期があるので、学習し、再現できるのは一定月齢の若鳥だけとなります。

鳥は、何度も繰り返し聞いた手本となるさえずりを、メロディライン、キーの高さなどを含めて正確に記憶することができます。鳥は、さえずりに特化した記憶力の高い脳と、ある種の絶対音感をもっているため、正確な記憶が可能なのです。なお、記憶できるのはひとつのさえずりに限定されず、よい手本が複数あれば、複数のさえずりを記憶します。

手本となるさえずりは、聞くたびに若鳥の脳に定着していって、線のはっきりとしたぶれないメロディラインの「鋳型」が完成します。鋳型をつくるメリットは、いったん完成させてしまえば、練習するたびに手本のさえずりを聞く必要がなくなるところにあります。短時間で集中しておぼえてしまえば、あとは聞かなくても大丈夫。記憶が脳内に再現される様子を覗き見ることはできませんが、おそらく鳥が完成した鋳型を思い出しているとき、聞いたままのさえずりが「頭の中で鳴る」という状態になっていると推測されます。

若鳥は、頭の中で鳴っているさえずりのメロディラインに合わせて、鳴管と気管支と舌と呼吸をコントロールして、うたってみます。

当然ではありますが、最初はどんな鳥も下手な歌しかうたえません。

鳥の耳は、うたう自分の声を拾います。拾った声を一時的に記憶しながら、鋳型と重ねて、そのズレを把握します。ずれている部分を鋳型に近づけるように発声器官をコントロールして、ふたたびうたいます。そうしたことを幾度も繰り返すことで、少しずつ手本の歌そっくりに歌がうたえるようになっていきます。聞いて脳内につくった鋳型をもとに自分自身を訓練して、自分の歌を完成させていくやりかたは「鋳型仮説」と呼ばれています。

人間が言葉を獲得した過程を予想

人間が言語を獲得した過程について、さえずる鳥が重要な示唆を与えてくれるのではないかと考えている研究者も少なくありません。

進化して言葉をかたちづくれる体になる以前のヒトは、地鳴きのような固定された吠え声などで仲間とやりあっていたはずです。やがて、声帯がいまのようなかたちになり、「声」をつくれる体になりますが、まだ「言語」はなく、そのかわり、抑揚のあるメロディーに「ウォウ、ウォウ」といったような声を重ね、そこに感情を乗せて伝えたり、情報を伝えることに利用していたのではないかと考えられています。

やがてそれは歌詞的な音をもった「歌」となり、うたわれていた歌詞の部分部分に動詞や名詞としての意味が定着するようになって、やがて「言語」として確立されていったのではないかという説が有力です。いずれにしても、言語を獲得する前の人間がしていたのは、鳥たちがしている音声コミュニケーションにきわめて近いものだったと推察されます。

また、鳴禽が歌を学習するのに期限があるように、人間も、まだ幼児、子供の時期に言語にふれて母語を修得しないとうまく言葉を話せなくなります。母語以外の言語を学ぶ際も、大人になってからではなく、一定の若い時期までにその言語にふれないと、上手く習得できないという事実もあります。こうした点は、さえずる鳥の歌の学習に重なります。

さえずる鳥が聞いておぼえた歌を自分のものにするために、ひとり言のように歌や発声を練習する時期があり、そうした行動は「ぐぜり」と呼ばれます。人間の幼児も言葉をおぼえたてのころ、言葉にならないことばを、ひとりでモゴモゴいっています。それは「喃語《なんご》」と呼ばれるものですが、こうしたしゃべりはともに、自身の口から言葉を話すための自己訓練とわかっています。

若鳥のぐぜりと幼児の喃語には共通する脳活動があるという指摘もあり、その理解を深めるための研究が現在、進められつつあります。

7 異種コミュニケーション

だれでもいいからそばにいてほしい心理

進化の過程で「弱者」となってしまった鳥は、不利な状況下でも、あらゆる手段を使って生き延びようとします。危険性を感じない異種に擦り寄ったり、利用したりするのもその延長です。

群れのなかで安心する鳥は、群れから引き離されると強い不安と孤独を感じます。その不安は、「死」の恐怖と結びついたもので、単独でいるかぎり解消されることがありません。不安がストレスを生み、そのストレスから寿命を縮める鳥が多いこともわかってきました。

そのため、人間に飼育されることになった鳥は、新しい環境で孤独（＝不安）を解消できる相手を探します。先住する同種の鳥がいる状況ほど、鳥がほっとすることはありません。異種の鳥がそこにいても、やはりほっとします。仲よくなれるかどうかは別問題で、とにかく自分以外の鳥がそこにいる状況は、その環境に加わった鳥の心に安心感をもたらします。

心がまだ柔軟な雛や若鳥は、抱えていた不安を取り除く努力を見せることで、比較的簡単に人間に馴れてくれます。それは、死の恐怖から逃れたいという心理の裏返しでもあります。

一方で、成鳥になってしまった鳥を家に迎えても、なかなか馴れてはくれません。人間と触れ合うことなく大人になった鳥にとって、人間は自分を殺すかもしれない巨大な異種です。雛の時期を過ぎて柔軟でなくなった心は頑なで、五年、十年暮らしても、さらには死ぬまで人間のもとにいたとしても、ともに暮らす人間に心を開かないこともよくあります。それでも、その人物は自分に危害を加える相手ではなく、その人間がいるから自分に危害を加える敵がこの空間に入ってこないのだと確信できれば、鳥はやはりほっとし、少しだけ緊張を解いていきます。

人間に馴れた鳥の脳のなかで、どのような妥協や判断がされているのか、まだはっきりとはわかっていません。心の底から本当に、ともに暮らす人間を好きになるケースは実際にあります。心を通わせた鳥と飼い主のうち、どちらか一方が先に亡くなった場合、残った方が、ペットロス症状や親族が亡くなった際に起こるような深い喪失状態になることがあるのも事実です。

鳥は臆病な一方、さまざまな場面で妥協することを知っている生き物でもあるため、生きていく方便として人間を利用します。そうすることでさまざまな点で生きやすくなると理解したうえで、「好き」という芝居をし続ける鳥もおそらくいるでしょう。誘拐犯などと生活するうちにシンパシーを感じて離れがたいと思うようになる（＝殺害されないために親しくなる）、人間でいうところの「ストックホルム症候群」のような感情から、人間を好きになってしまう鳥も、もしかしたらいるのかもしれません。

第6章　鳥の価値観、判断能力と「美学」

1　哺乳類には理解しがたい鳥類の選択

美しいオスはメスに「選択される」ことで生まれた

生物は進化のなかで姿を変化させていきます。棲む環境に適応し、淘汰を繰り返しながら、その環境に合った姿に変わっていきます。進化は合理的で、突然変異によってさまざまな形質の子孫が生まれたとしても、環境に合っていないもの、自身を環境に合わせることができなかったものは消えていく運命です。

変化した体によって新たなニッチ（ある生物・生物群が生態系のなかで独占的に占める位置）が拓けると、一大生物群になる可能性もありますが——まさに鳥がそうでしたが——、それは確率的にかなり低く、頻繁に起こることではありません。

一方で、「選択される」ことで変わる形質もあります。選択が起こるのは繁殖の場で、たとえばメスの多くが「こういうオスがいい」という判断基準をもっていると、選ばれなかったタイプのオスは子孫を残すことができず、やがて世界から消えていきます。

これが、ダーウィンが提唱した「性淘汰《せいとうた》（性選択）」で、オスが派手で装飾的な羽毛をもつ鳥の存在は、こうした選択による進化の結果と考えられています。

長い尾も、色鮮やかな羽毛も、生きていくためには、本来、不要のもの。必要がないどころか、飛翔の際によけいな抵抗が生じたり、重くなってしまうことで、長い距離が飛べなくなったり、飛ぶことにより多くのエネルギーが必要になったりします。色鮮やかな羽毛は、メスを引きつけやすくなる一方で、敵からも見つかりやすくなります。こうした鳥は、敵に見つかってしまった場合、逃げられずに命を失う確率が格段に上がります。

それでも多くの鳥が、「美しくなる道」を歩みました。リスクがあったとしても、メスに選んでもらい、自分の遺伝子を残す方がより重要だったからです。自身の遺伝子を十分に残せたあとなら早死にしても本望、といったところでしょうか。

また、姿や色を派手にしただけでなく、鳥は大きな声で「さえずる」ことさえします。さえずりもまた、自身の位置を捕食者に明示してしまう行為であり、さらには、ただじっとしているときに比べて周囲への警戒レベルも数段、落ちている状態にあります。捕食者からすれば、狙ってくれといわんばかりの状況です。そうしたリスクも承知のうえで、鳥たちはさえずっています。そんな生活を、数千万年にわたって続けてきました。

人間だけが理解できた鳥類の選択

そうした鳥類の姿は、大半の哺乳類からすれば、「なんとも信じられないこと」であり、「馬鹿げていること」に見えます。哺乳類の進化は基本的に実用本意で、獲物に追いつくために、あるいは敵から逃れるために速く走れることや、上手く身を隠せることなど、「環境のなかで生き延びていける自分」をつくりあげるような選択をしてきたからです。

自分の子孫をのちのちまで確実に残すために、リスクは犯さないのが哺乳類といえます。また、鳥のような発声器官をもたないということもありますが、捕食する側もされる側も、必要以上に声を出さない種は多くいます。沈黙もまた、遺伝子を残し、つなげていくための処世術です。

鳥類と哺乳類は肉体的に大きなちがいをもちますが、こうした点を比較してみると、進化を促した精神の構造という点でも、両者には隔たりがあることがわかります。

ただし、すべての哺乳類がそうかといえば、否です。

たった一種だけ、例外がいました。

そう。私たち、人間です。

美しい鳥を見た人間は、その姿や色彩に驚き、憧れ、「素敵」「好き」と、称賛さえしてきました。言葉を換えるなら、鳥の美的な進化を肯定的に受け止めてきた、ということです。

殺して食べるためではなく、生きたままそばに置いて、その美を鑑賞したい、独占したい、まわりに美しい鳥を手に入れたことを自慢したい。そんな目的で捕獲された鳥はかなりの種、数にのぼります。その美しさを永遠に留めるために、絵画のモデルにしたいと考えた者もいました。王侯貴族を中心に、美麗な鳥をほしがる者は多く、そうした鳥は捕獲され、高値で取り引きされました。日本ももちろん例外ではなく、鎖国されていたはずの江戸時代にも、海外の珍しい鳥や美しい鳥が大量輸入されていた事実があります。

また、美しい声が高く評価され、珍重されただけでなく、人間はさえずる野の鳥に季節を感じ、一日の移り変わりを感じて生活してきました。鳥を籠《かご》で飼う習慣は、美麗な姿と声で楽しませてくれる生き物を身近に置いて、いつでも眺めていたいという願望から始まったものです。

外見的な肉体の進化については、人間もまた哺乳類としての枠の内です。しかし、文化・文明をもった人間は、言葉を交わしあってコミュニケートし、喜びを示すために踊り、自身の喜びのため、あるいはまわりの目を引きつけるために、美しい衣装を身につけたりもしました。

そんな人間からすれば、よい伴侶を得るためにきれいな姿でいることや、敵に見つかりやすくなろうとも愛の歌をうたってしまう鳥に対して、「それもまた人生」と同意や共感をしてしまうのも、自然な反応だったように思います。

音楽家はさえずりから演奏や作曲のインスピレーションを受け、舞踏家は鳥のオスがさえずりながら披露するダンスを見て、そのステップや表現を舞台芸術に取り入れたりもしてきました。

そこには「馬鹿げたこと」といった評価は微塵もありません。鳥を眺める人々の心に浮かぶのも、こんな衣装を着たい、こんなふうに踊りたい、こんなふうに歌いたい、という思いです。どういう心理ステップがあって人類がそういう思いを抱くようになったのか、まだよくわかっていませんが、理屈ではなく、鳥を眺めて自然にそう思ってしまう心理は確かに人間の内にあり、それは現代に生きる人間にも引き継がれています。

2 なぜ、人間だけが例外なのか

五感が近いことは確かに影響

鳥ほど細かい色の判別はできないものの、人間は哺乳類で数少ないフルカラーの視覚をもつ生物です。樹上生活になった初期の霊長類が、その場所では利用しにくくなった嗅覚のかわりに、食べられるものや生活に役立つものを選別するため、遠い祖先がもっていたフルカラーの視覚を取り戻したという説が有力ですが、その際に、たとえば赤は実りの色、発情を示す色、緑は若葉の色など、色ごとにイメージを固めていき、色による選別をおぼえていったと考えられています。

その過程で、同じ赤でも木の実が熟したことを示す赤と腐った赤はちがうなど、近い色、異なる色という概念も強まり、選別が細やかになるとともに、現在の私たちがいうところの「カラフル」や「色彩に乏しい」という感覚も実感として身につけていったと推察されています。それは、生物がその環境で生き抜くための知恵でもありました。

さらに、見てうれしい、食べてうれしいや、食べたら具合が悪くなった、さわったら痛みを感じたなどの経験に基づいて、好きや嫌い、気分の上昇、下降と色が関係づけられ、さらにそうした印象が集団のなかで共有されたことで、人類の種としての色のイメージもできあがっていったと推察されます。

人間の祖先が行ったこうした感覚的な位置づけを、鳥も生きていくために行ってきました。判断する脳がちがうため、完全に同じとはいえませんが、かなり近いことが行われていたはずです。

また、人間には、五感で得られるさまざまなものに対して「好み」が存在し、好悪や嗜好の方向性の判断がつねに行われています。地上に人類という種が誕生したときから、「どっちが美味しかった。どっちが耳に心地よかった。どっちの色が好みだった」などの判断が行われてきました。

鳥を含む動物もまた、五感ごとに得られた感覚について、そうした判断が行われ、判断が経験として蓄積されていきました。その際、人間と相似的な五感をもつ鳥には、人間と重なる「好き・嫌い」の判断の対象（関心をもつ対象）も多かったのではないかと考えられています。

五感やもっている意識のちがいから、鳥と人間には共通するものの、ほかの哺乳類とは重ならない「関心をもつ対象」というものがあります。その事実が、「なぜ人間だけが例外なのか」という疑問に対する鍵のひとつとなるのは確かです。

人間が理解できた理由は、実はよくわかっていない

動物の心理を研究する心理学者は、研究の場に「美学」という概念をもちこんで、「美しい」と感じる心は、進化のなかのどこで身につけて、どう伝わってきたのか、解きあかそうとしています。

神経科学の方面では、「美」を感じることも脳内現象であるという考えに基づいた研究が続けられていますが、この分野の総合的な研究はやっと進みはじめたところで、まだまだ結論が出るようなところには至っていません。人間が「美しさ」を好む理由や、美しいものを好きと感じる心理のプロセスも、まだよくわかっていないのです。

ただ、それでも、いくつか考えられることはありそうです。

言葉を使い、複雑な思考をしている人間の場合、「美」というものについての判断は、ほかの動物に比べて少々複雑になりますが、鳥の心のなかでの判断は、おそらくかなりシンプルです。

つまるところ、大抵においては、「どちらが好きか」だけで決まると考えられます。たとえばクジャクの尾についてのメスの判断なら、「短いよりも長い方が好き」、「小さな目玉模様よりも

大きな目玉模様の方が好き」などです。比べてなおAかBか二者で迷ったときは、目玉模様の比較を優先する、などの内にもった「判断の優先順位のルール」にしたがって決定が下されます。

結果的に、美しいものが選ばれているように人間には見えます。しかし、選んだ鳥が本当にそれを「美しい」と思っているかどうかは、なかなか証明ができません。

「美」の評価的にどうというよりも、その鳥のなかで、細かい「善し、悪し」「好き、気に入らない」「あっちとこっちではこっちの方がなんとなく好き」という判断があって、その積み重ねとして出てきた「結果」が美しい羽毛だったり、長い尾羽だったりすると考えられるからです。

それでも、最終的には「美しいオス」が選択される結果になるわけですから、途中の判断はともかく、下された最終結果を見るかぎり、鳥は「美しいもの」を見分けて、それを好む傾向があるということになるのでしょう。

いずれにしろ鳥は、なにかを「よい」と感じて、「美の弁別」に相当することをしています。弁別が行われるということは、その鳥が目にしたもの、耳にしたものについて、ちがいが見分けられたり、聞き分けられたりしているということを意味します。ちがいを見分けたうえで、好みと合うかどうかの判断をしているからです。

ちがいを細かく見分けたり、聞き分けたりすることには、高度な脳の処理能力が必要です。好みや美的センスについて考える際には、その事実にも、注目していく必要があります。

鳥に高度な弁別能力があることは、心理学的なさまざまな実験によって確認されています。鳥が、どんな見分け、聞き分け能力をもつかは、このあと少し詳しく解説していきます。

一般的な哺乳類では、それが好きか嫌いかなど考えたりしないような対象や状態に、人間や鳥は引っかかり、「好きか、嫌いか」「これとこれならどちらがいいか」と判断する心をもっていました。同じように引っかかったのは、人間と鳥とで、五感の使い方がとても似かよっていたことなどから、同じように反応する「レセプター」のようなものが、ともに心にあったためと推察されます。なぜ人間だけが鳥を理解できるのかという問いへのアプローチは、現在のところ、ここまでのようです。

3 鳥が鮮やかさを身につけた理由

性淘汰による進化は理由のひとつ

キジやヤマドリ、インドクジャク、マクジャク、キンケイ、セイランなど、大型のキジ目の鳥の多くは、オスが長い尾羽や、上尾筒《じょうびとう》（尾羽の上に位置する羽毛）をもちます。彼らは、「選択される」ことによって現在の姿に進化してきました。野生で最上の物まね鳥であるコトドリのほか、サンコウチョウ、ケツアールなど、尾の長い鳥は中型の鳥や小鳥類にも幾種もいます。

鳥の羽毛は本来、きわめて軽いものではありますが、大きく長くなると当然、それなりの重さをもつようになります。また、長い尾は、ほんの少し角度がつくだけで、大きな空気抵抗を生みます。「飛ぶ」という行為に対しては、明らかにマイナスでしかありません。

それでもメスは、そうしたオスを選択し続けてきました。「そういうオスを選びたい」という気持ちが、メスの心の中にあったためです。「本能の指示」や「遺伝子の命令」などと説明されることも多いその気持ちは、母親や祖母、さらにその祖先のメスがもっていた「好みの傾向」が遺伝し、受け継がれたものです。

オスにとっては、死ぬような目にあう確率が格段に増えたとしても、メスに選んでもらえて、自分の遺伝子さえ残せれば本望という判断です。とはいえ、「死にたくない」のが生物としての本能ですから、自分が捕食のターゲットとなりうる危険な羽毛をもっていることは承知のうえで、そうならないように全力で努力します。

人間であれば、どうしてこんな体に生まれてきたんだろうと悩んでしまうところですが、与えられた条件を受け入れて生きることが自然である鳥にとって、そうした悩みは存在しません。

それでも繁殖期が終わって長い尾の羽が自然に抜け落ちてくれたとき、少し地味になったクジャクのオスの心には、小さな安堵が浮かぶのかもしれません。

色鮮やかさは、遠い祖先の遺産？

オスが色鮮やかで派手な羽毛をもつ一方で、メスは褐色から灰色系の地味な羽毛であるような鳥の誕生や発展は、性淘汰を考えることで、ある程度の説明がつきます。

しかし、鳥が鮮やかである理由のすべてを性淘汰で説明することはできません。なぜなら、インコやハチドリなど、熱帯や亜熱帯に生息する鳥を中心に、オス・メスともに派手な羽毛をしているものが数多くいるからです。

鳥が色鮮やかで派手に見えるのは、おもに哺乳類との比較での話。哺乳類がもつ色素は基本的にメラニンで、派手な赤や青や緑をつくる色素をもちません。哺乳類の体表は白か黒、黄色、黄褐色から黒褐色、赤褐色の毛の組み合わせで、それに皮膚をむき出しにすることで見せる赤が、哺乳類の色のほぼすべてです。一方、魚類や両生類に目を向けると、色鮮やかな生物は枚挙にいとまがありません。爬虫類では、ヘビ類が多彩な色をしていることがよく知られています。

哺乳類以外の脊椎動物には、メラニンやカロチン以外の色素をもつものも多く、非常に幅の広い色を見せます。種によって異なる色や体のデザインは、鳴き声と合わせて、同種・異種の確認や、種のなかのオス・メスの見分けにも活用されています。多くの生き物を俯瞰すると、脊椎動物の生存戦略に、色がずっと活用され続けてきたのは明らかです。フルカラーの視覚をもたない

写真1　ヒノドハチドリ　コスタリカに生息。

哺乳類こそ例外的な存在で、魚も多くの両生類も、もともと色を見分けるスペックの高い視覚をもっていたことから、色を体色に活用してきたと理解すべきでしょう。

　両生類から爬虫類、恐竜を経て進化してきた鳥は、祖先がしてきたのと同じように色を活用して暮らしているだけと考えるのが自然です。恐竜の体表から発見された羽毛には色素と構造色があり、予想以上にカラフルだったという事実も、その推察を後押ししてくれています。

　視覚を中心に生きる脊椎動物は、さまざまな色で自己主張するのが当たり前であり、色鮮やかであることが許される環境に生息していた場合、ごく自然にそうなっていったと考えると、熱帯や亜熱帯の鮮やかな色彩の鳥たちは、自然の流れのなか、そうなるべくしてそうなったと考えていいように思います。

4 特徴を記憶し、見分けに活用する鳥

鳥の日常の見分け

鳥は日常的に目であたりを観察し、自身の生活にとって重要なものかどうかを見分け、必要なものを優先的に記憶しながら暮らしています。野生と飼育下では、そこに存在するものがちがっているため、重要と判断されるものも大きく変わってきますが、判断のしかた自体は変化しません。重要なものは詳細に、そうでないものはさっと流すくらいの注意で見る、というやりかたです。そして、重要と判断されなかったものは、どんどん記憶のなかから消えていきます。

空を飛ぶ生き物である鳥の見る世界は、空間的に拡がりのある三次元です。木や建物を認知する際も、三次元の物体としてその構造を理解します。

野生の鳥は、目立つ樹や建物などをランドマークに使いながら、自身が暮らすエリアを把握していますが、そうした目標物も、ちがう高さや異なる方向から見てわからなくなるようでは、ランドマークとしては役に立ちません。特に、ねぐらに使う樹や移動の際の標識となる建物などは、あらゆる高さ、あらゆる角度から見てもそれとわかる必要があります。

といっても、対象の構造物をいちいちぐるりと回って目に焼き付けるような行動は不要です。高さと方向の異なる数点の場所から見るだけで、鳥の脳はその形状を把握することが可能で、まだ見ていない角度・方向から見たときの仮想のイメージを脳内につくりあげることができます。人間の脳には、三次元の回転イメージをつくって構造を予測する高度な認知機能が備わっていますが、ハトなどの鳥もまた、同様の認知機能をもっています。

人間は、たとえば巨大なビルを下から見上げても、上空から撮影された映像を見ても、それが同じ建物であることを理解します。見る角度で目に映るかたちが変わることを理解したうえで、確認できた複数の特徴から、同じものであると「みなす」ことができるわけです。

これと同等の能力を鳥ももっています。専門的な言葉を使うなら、鳥もまた「対象の同一性」の学習ができる、ということです。

また鳥は、襲ってくる可能性のある敵への警戒も怠りません。気づくのが遅れれば死が待っているわけですから、当然です。

「敵」となる相手については、視覚だけでなく聴覚もたよりに複数の特徴を見つけ出し、それをカテゴリーにまとめて記憶しています。敵の特徴に該当するものが一瞬、一部分でも視界のどこかに映ったり、気配を感じたときは、すぐさま脳が「逃げろ！」という命令を出します。枝の隙間にヘビの胴体の一部が見えても、藪の陰にネコの足がわずかに見えても、鳥はそれが敵であることに気づきます。そうした視覚認知能力を鳥はもっています。

親しい相手を視覚的に判別する際も、脳内にデータベースとしてもっている特徴から一致点を見つけ出して判断します。飼育されている鳥が同居する人間をしっかり見分けているのも、同様の脳の働きによります。ユニークな例を挙げると、フンボルトペンギンが、同種の胸元からお腹にかけて広がる白い羽毛に点在する黒斑の位置やパターンを、その個体が群れのだれであるのか見分ける材料のひとつにしているらしいことがわかっています。

また、ハトが仲間のハトと別種の鳥であるムクドリを見分ける際に、ムクドリのくちばしの横から頬にかけてある白い羽毛などを見分けの材料に使っていることが確認されています。ムクドリの姿が見え、その顔が目に入った瞬間、ハトは「異種、ムクドリ」と理解するということです。

動物心理の研究者は、鳥がさまざまなものを見分ける際、どんな点に着目しているのか、どこまで弁別ができるのか知りたいと考えています。鳥が本当に「美」というものを理解し、人間でいう「美学」に相当するものをもっているのか知るためにも、その理解が必要だからです。

モネかピカソか――絵を見分ける

以前より、慶應義塾大学の心理学研究室（渡辺茂教授／現・名誉教授）では、ハトを使った絵の見分け実験が行われていました。ハトを選んだのは、ハトが視覚認知に優れていて、多くの研究機関で実験に使われてきたからです。

渡辺名誉教授には過去、何度も取材させていただき、授業にも参加させていただきました。そこで得られた知識や思想は、本書を含め、過去の複数の著作のなかにも反映されています。

ハトは最初に、目の前に映像が映るモニターが設置された箱状の実験装置(スキナー箱)に入れられ、正しいものをくちばしでつついたときに餌がもらえるように訓練されます。心理学の実験でよく使われる「オペラント条件づけ」という方法です。

人間とそうでないものの画像(写真)を見せ、人間が見えたときにだけスイッチボタンをつついて押すように練習させると、ハトは簡単に人間を識別して、この課題をクリアします。ふだん見ている世界とは異なる二次元の画像にも、ハトはすぐに慣れてくれます。

対象の写真をハトに替えて訓練しても、ハトは正しく識別します。また、おぼえさせた人間の体の左右のどちらかを隠しても、人間であることがわかりました。ハトの写真の上下の半分だけ隠しても、ハトであることを正しく判断することができました。

人間の写真をバラバラにして、いろいろ入れ換えても人間であるという識別は可能でした。しかし、ハトについては、顔だけ見せてもそれがハトだと識別できますが、バラバラにした絵を適当につなぎ合わせると、ハトだと認識しなくなります。すべてのパーツが正しい位置にあって初めて「ハト」と認識されることが、この実験からわかりました。

次に、代表作が多く描かれた特定の時期のモネとピカソの絵をそれぞれ複数枚見せて、学習させました。時期を特定したのは、長く活動した画家では初期と後期では別人のように画風が変わることがあるためです。

学習が十分にできたあと、ハトに未見のモネとピカソの絵を見せます。するとハトは、モネとピカソの絵をそれぞれ正しく選び出すことができました。ハトは丸暗記するのではなく、絵の中にある情報をピックアップして内に取り込み、それをもとに判断したことがここからわかります。

絵をモノクロに替えても、ハトは正しいものを選ぶことができます。また、絵に細かいモザイクをかけても、ハトは正しく判断することができました。モザイクを大きくしていくと、正解率はしだいに落ちてきますが、同様のことは人間でも起こります。また、絵を部分的に隠しても、ハトは正しく判断できました。

これらの結果を総合してわかるのは、あらかじめじっくり絵を観察することで、ハトは、筆のタッチや構図、輪郭線、色の選び方、配色のバランスなどの情報を自分なりにピックアップして、作家ごとにカテゴリー分けして記憶し、必要に応じてそれら複数のカテゴリーと照合しながら正しいものを選んでいた、ということです。たったひとつの情報をたよりに絵を判断してはいませんでした。また、モノクロでも判断できたということは、日常的に利用している色についての情報が隠されても、ほかの情報の組み合わせで正しい選択が可能であるということを示しています。

結果をより確実にするために、ピカソをブラックに、モネをシャガールに替えても、ハトは絵を弁別することができました。キュビズムの画家の絵と、印象派およびその周辺の画家の絵は、

写真2　ドバト　野生のカワラバト（河原鳩）が家禽化され、それが再野生化したのがドバト。群れには野生化したレース用の伝書鳩の子孫も含まれています。心理学の実験によく使われています。

数々の特徴から、ハトにとってもはっきりちがうものに見えていた、ということです。

さらに、同じ実験がブンチョウでも行われ、同様の結果を示したことで、こうした能力がハトに限らず、広く鳥がもつものと確認されました。

なお、ピカソとモネの絵を上下反転させてハトに見せると、ピカソを問題なく判別したのに対し、モネは弁別率が下がったという結果が得られました。モネの絵では、そこになにが描かれているのかをある程度理解していたのに対し、ハトはピカソの絵を物体が描かれたものというより、無意味な図形かなにかと認識していたのではないかということです。

5　鳥がもつ、聞き分けの力

クラシック音楽か現代音楽か

鳥は、さえずりを聞けば、それが同種のものか異種のものかわかります。

鳴禽類には、人間には聞き分けられない密度の高い音の連なりを、個々の音に分解して聞く能力があります。また、耳にした音の高さを絶対音感的に聞き分けることもできます。鳥の声・さえずりの聞き分けには、そうした能力が生かされていることがわかっています。

また、ムクドリを使った実験から、彼らが人間の音楽の、音色、ピッチ、リズムを聞き分ける能力をもつことが確かめられています。鳥が、音楽ジャンルのちがいを聞き分けられるかどうかということにも、関心が寄せられていました。

鳴禽類の一種であるカエデチョウ科のブンチョウを使い、渡辺研究室で、クラシック音楽と現代音楽のちがいが聞き分けられるかどうかの確認実験が行われました。

クラシック音楽を代表してバッハの曲を、現代音楽はシェーンベルクの曲を聞かせ、曲の特徴を記憶させることから始めます。条件を揃えるために、どちらもピアノ曲を選ぶとともに、一人

写真3　**ブンチョウ**　インコと並んで人気の飼い鳥。江戸時代から国内繁殖も行われていました。

のピアニストに両者の曲を弾いてもらい、それをCDにしたものを実験の音源に使いました。

結果として、ブンチョウは問題なく両者を聞き分けることができました。曲の特定部分ではなく、長い曲からランダムに抽出した部分を聞かせても、弁別に問題はありませんでした。さらに、バッハをヴィヴァルディに替え、シェーンベルクをエリオット・カーターに替えて、続けて同じ鳥に聞かせても、聞き分けます。

それは、そのブンチョウの脳のなかで、「クラシック音楽」と「現代音楽」というカテゴリーがそれぞれつくられ、その枠に沿った判断ができるようになったことを意味します。この点で、ブンチョウは人間と同じ能力をもつことが確認されたことになります。

ブンチョウが協和音と不協和音を弁別する能力をもつことが実験によって確認されていることなどから、クラシック音楽と現代音楽の聞き分けには、現代音楽のなかで多用される不協和音が利用されているのではないかと考えられています。

なお、ハトでもクラシック音楽と現代音楽の聞き分けが可能であることが同じ実験からわかりましたが、ハトは音楽家を変更すると、とたんに弁別ができなくなります。この事実は、ハトはそれぞれの音楽家の特徴は捉えられたものの、その脳ではクラシック音楽と現代音楽という大枠のカテゴリーはつくられていなかったことを意味します。さえずりの学習ができる鳴禽類とそうでない鳥の脳のちがいが、こうした結果を生んでいると考えられています。

言語を聞き分ける

ブンチョウを使った言語の聞き分け実験も行われました。『源氏物語』と『吾輩は猫である』の英訳、中国語訳をバイリンガルの一人の話者に朗読してもらい、それを弁別させる実験でしたが、ブンチョウは聞こえた言語が英語なのか、中国語なのか聞き分けることができました。

この聞き分けについて言語学者は、二つの言語の母音と母音の距離がちがっていたために判別が可能だったのではと示唆しました。言語中の母音の割合や、文章のなかでの母音が入るタイミングのちがいなどは、たしかに弁別するよい材料になりそうです。

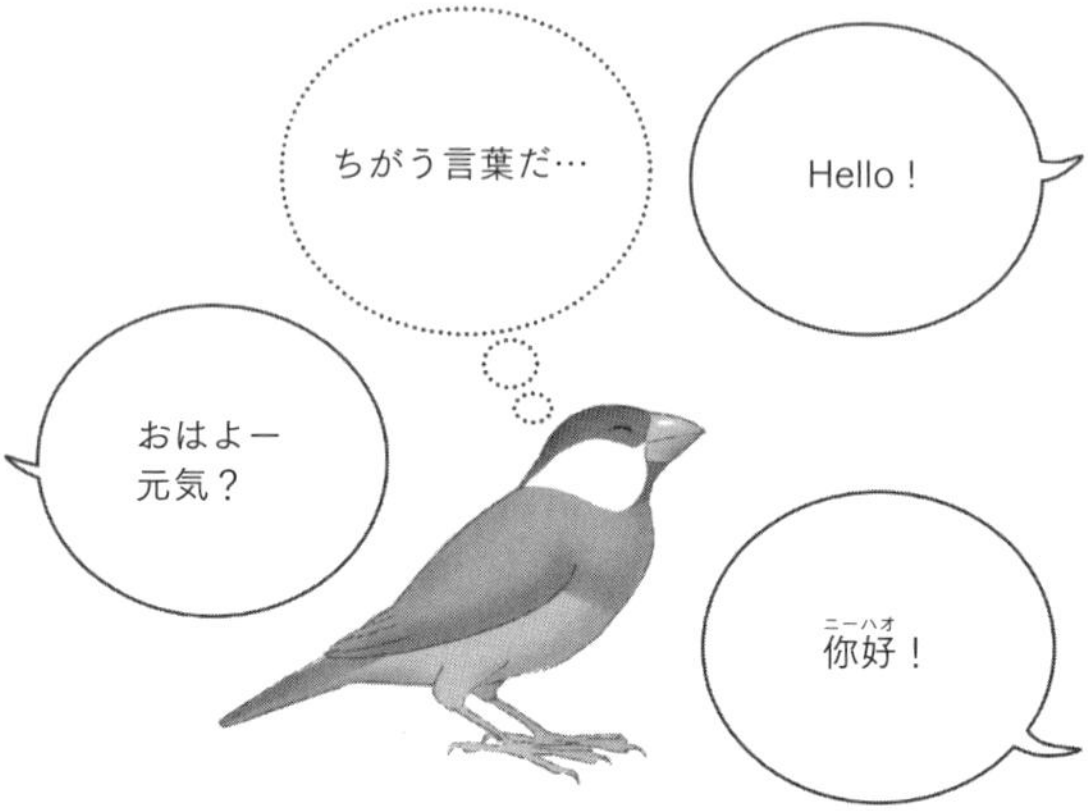

鳥は基本的に人間が話す言葉を理解しません。しかし、日本語、英語、中国語などで話しかけられると、言語がもつ特徴から、それぞれがちがう言語であることは理解することができます。

図1　言語を聞き分ける

一方で、日本語より英語の方が一般的に高い周波数で話されるなど、言語ごとに中心的に使われる周波数帯がちがっていることもわかっています。もちろん英語と中国語でも、そのちがいは存在し、抑揚の変化や文節のアクセントの付け方もちがっています。

同一の話者ではあっても、朗読された英語と中国語に周波数的な差異がわずかでも存在していたとしたら、ブンチョウはそのちがいも弁別に利用していたかもしれません。抑揚のかたちやタイミングも、重要な手がかりになっていたかもしれません。

いずれにしても鳴禽と呼ばれる鳥は、人間の言語を聞き分ける能力ももっていると考えることができます。

6 鳥は本当に「美学」をもつのだろうか

音楽に好みはありそう

クラシック音楽と現代音楽を聞き分けることができたブンチョウに対して、二つのうちのどちらを「好む」か確認する実験を行ったところ、「現代音楽よりはクラシック音楽を好むようだ」という結果が得られました。

広めの鳥かごに、とまり木とセットでスピーカーを設置。ブンチョウがとまり木にとまるとそこにあるスピーカーから音楽が流れるようにしました。一本のとまり木の横のスピーカーからはクラシック音楽（バッハ）を、もう一本のとまり木の横からは現代音楽（シェーンベルク）を、真ん中のとまり木は無音にしてみたところ、クラシック音楽を流していたとまり木に、より長く止まるという結果が複数の鳥で確認されたのです。

興味深いのは、シェーンベルクを聞くよりは無音の方がいいと判断したブンチョウが複数いたということでしょうか。クラシック音楽をヴィヴァルディに、現代音楽をエリオット・カーターに変えても同じ結果が得られたことから、ブンチョウは現代音楽を「好まない」あるいは「嫌い」と感じているようだと研究者は結論づけています。

同様の実験をハトで行うと、好みに差は見られませんでした。ほかの動物、ネズミやキンギョで実験しても、好みについて有意差は出ません。こうした結果から、音楽的な好みは、多くの脊椎動物のなかで人間と鳴禽類だけがもつと考えていいようです。

さえずる鳥のメスは、さえずりを聞き比べて、「こっちがいい」「こっちの方が好き」という判断をします。複雑な歌を好きと感じる種もあれば、人間の耳にも美麗に聞こえる、よどみのない、心地よい響きのさえずりを「好き」と感じる種もあります。いずれにしても、聞き分けて判断する能力をもち、明確な「好み」や「好みの方向性」をもちます。

人間の音楽を聞いて、その全体を「美しい」と感じるようなことはないと思われますが、その鳥として「好き」と感じたり、「美しい響き」と感じるようなリズムや音節を含む音楽は、あると考えてもよさそうです。

音楽に合わせて踊るオウム

大型のインコやオウムは踊ります。オウム、特に白系オウムと呼ばれる鳥たちは、アップテンポの音楽に合わせて、だれに命じられることもなく踊ります。頭を上下に動かし、全身をゆすり、リズムに合わせて片足ずつステップを踏むのも自在です。オウムやインコを飼う人々のあいだではよく知られたことですが、今に至っても、なかなか一般には認知されていません。

米インディアナ州のとある家庭で飼育されていたスノーボールと呼ばれるキバタンの動画がYoutubeに投稿されると、生物学ほか、多くの研究者を非常に驚かせました。バックストリート・ボーイズの「Everybody」という曲を聞き、それに合わせて声も出しながら全身で踊ってみせたからです。明らかに人間がつくった音楽を楽しんで、そこに浸っていました。

認知神経学者であるアニルド・パテル氏による慎重な検証により、スノーボールは訓練によって踊らされていたわけではなく、自身の意思で自発的に踊っていたことが確認されました。続いて、曲の音程はそのままで、テンポだけを遅い方向・速い方向に少しずつ変化させたものを複数つくってスノーボールに聞かせたところ、変化したテンポに合わせて踊りを調節する様子が観察されました。

人間に特異に備わった才能だと信じられていた、「耳で聞き取った音楽のリズムに対する身体の同調」が、オウムでも可能であることが証明された瞬間でした。そして、スノーボールが見せたダンスは、その音楽に対する「好き」という感情の発露であることもまた明らかでした。

鳥の視覚に映る「美」とは

同じ環境に適応した動物の姿が似てくることを「進化の収斂」と呼びますが、動物の行動においても収斂はみられます。まったく異なる進化のルートを通った動物どうしでも、同じような五感をもち、同じようなコミュニケーションをしていると、近い感性をもつようになり、近い行動が見られるようになることがあります。

人間の音楽のちがいがわかったり、実際に音楽を楽しんでいたケースが存在するのは、鳥もまた音声コミュニケーションをしている生き物であり、音やリズムの連なりの聞き分けも日常の一部であったために、その方面で高い能力をもっていたことや、音楽的なものに対して鳥にはそれぞれ「好み」や「聞きたくないもの」が存在していたことが大きく影響していたと考えられます。つまり、鳴禽類やインコ目の鳥については、音楽やその周辺の領域において、もともと人間との接点が存在していたと考えることができます。そうであるなら、この領域において、鳥の「美学」的な判断やその基準などを、より深く追求していける可能性は十分にあります。

一方で、鳥が感じる視覚的な「美」は、大体においては、羽毛色や飾り羽根ほかの装飾が見える同種の姿そのものか、カップル成立に向けてつくられるアピール用（プロポーズ用）のオブジェ（ニワシドリの構造物など）に対するものなどに限定されると考えられます。人間がつくる絵画的な美は、鳥にとっては無意味で無関係なものですから、そこからは離れるべきでしょう。

鳥が視覚的にどのようなものに美を感じるかといった調査・研究や、さらに一歩進んだ鳥の美学を追求するような研究は、もっと鳥の生態や本質に寄った、これまでとは異なるアプローチが必要であるように思います。

第7章　発達した脳と、想像を超える知性

1　だれが、バードブレイン（愚か者）？

鳥の評価

「かわいい」「きれい」「声がいい」「癒し」などの声が聞こえてくる一方で、人間にとって鳥は、長いあいだ、花や蝶などと並ぶ、野にある「美しい飾り」のような存在でした。

日本語に、「頭が悪い」ことを意味する「鳥頭（トリアタマ）」という言葉があったり、英語にも「birdbrain」という単語が存在するように、東洋、西洋ともに、鳥は賢さを備えた生き物とは認識されてきませんでした。しかし、ずっとそうだったわけではなく、古代の神話に見える鳥のイメージは、はるかに知的です。

北欧神話で主神にあたるオーディンは、肩にフギン（思考）とムニン（記憶）という名の二羽のワタリガラスを従え、日々、世界の情報収集にあたらせていました。それゆえ北欧では、なんで

も知っていることを、「オオガラスの知恵」といいます。日本神話で天皇家の祖先を導いたのも、高天原《たかまがはら》から遣わされた八咫烏《やたがらす》という知性をもつ巨大なカラスです。ギリシア神話では、フクロウが女神アテナの従者として描かれ、高度な知恵をもった「森の賢者」とされました。

当時、その存在に畏怖さえも感じていたにもかかわらず、こうした鳥観は、時代が進むうちにだんだんと薄れ、人々の鳥に対する評価は低い位置に固定化されていきます。そうして鳥は、長きにわたって、「心も知性もない、取るに足らない生き物」と見なされることになりました。

追い打ちをかけるように、死亡した鳥から摘出された「しわ」のないツルツルの脳を見た生物系の専門家が、「見るからに原始的な脳だ。やはり、鳥には知性などない」と決めつけたこともまた、人々の誤った認識を助長しました。

現在では、鳥の脳にしわがないのは、哺乳類の脳とは進化のしかたが大きく異なっていたためで、実際の機能は哺乳類と同等か、それを超える可能性もあることが認められています。

人間に匹敵する豊かな感情をもつ鳥。音楽的なセンスを発揮する鳥。あらゆる物音をまねて再生できる鳥。道具を自作し、持ち歩いて利用する鳥。冬を越すのに必要な食料を見積もって貯食する鳥。哺乳類にできないことを、軽々とやってのける鳥がたくさんいます。

近年になって、鳥がもつ驚異的な才能に注目が集まるようになりましたが、鳥はけっして愚かな生き物ではないという「事実」が周知されない状況は、まだまだ続いています。

鳥が、本来よりもずっと低く見られてきたのは、人間の矜持からくる、ある種のおごりと、人間基準の「ものさし」だけで鳥を評価してきたことが大きく影響しています。

自身を「万物の霊長」と呼び、自身が属するグループを「霊長類」と名づけたことからもわかるように、人間の意識の底には、自分たちこそが至上という意識が少なからずあります。

確かな根拠がないにもかかわらず、「卵を産む生物は下等。哺乳類はすべての脊椎動物のなかでもっとも上位にいるグループである」という思い込みがあり、そうした考えがあったがゆえに、ほかの生物群が哺乳類の上にいてはいけないという意識もどこかにありました。

鳥が哺乳類を超える実力の片鱗を見せても、ある才能は人間に匹敵するとだれかが主張しても、「ありえない」「戯《ざ》れ言」と決めつけるなど、意識的に、あるいは無意識のうちに否定してきた歴史があります。事実と認めてしまうと、自身がもつ認識に矛盾が生まれてしまい、これまでの価値観が揺らいでしまう恐れがあったことも大きかったのでしょう。

脳を見て、「しわ」がないから「バカ」という思い込みも、哺乳類、人類のものさしだけで鳥をはかろうとした結果でした。

専門家でさえ気づいていなかったわけですが、発達した脳は「哺乳類型」のものしかないというのは、ただの決めつけで、そこにも根拠はありませんでした。

恐竜から引き継いだ脳。それを空を飛ぶための脳へと発展させ、視覚・聴覚情報をさらに上手く活用できるようにして完成させたのが今の鳥の脳です。

鳥の脳は大きく、重い

鳥の脳は大きく、重い。

科学者がその事実と、その事実が意味することに気づいたのは、ごく最近のことです。

鳥、なかでも小鳥類は、体が小さく、目が大きく、頭が大きく、弱そうで、もってみると温かくて、人間が無意識に「かわいい」と感じてしまう要素がつまった存在でした。

その事実は、人々の鳥への好意を増した一方で、鳥の理解に対してマイナスにも働いていました。「かわいい」というところに意識が留まり、より深く本質に踏み込めずにいたからです。

鳥の理解の第一歩は、「頭が大きい」ということをあらためて実感としてもつことから始まりました。

ふだんは翼の羽毛や尾羽に隠されていてはっきりわからないものの、鳥の体はとてもコンパクトで、それに対する頭部は、かなり大きめです。そして、大きめの頭骸骨の中身は、くちばしを除けば、眼球と脳が占めています。どこに脳があるのか、箸でつついてみてもよくわからない魚の頭部とは好対照です。

たとえば、ジュウシマツは体重がおよそ十五グラム。脳の重さ（脳重）は約〇・五グラムほどですから、脳の体重に対する比率は、三・三パーセントほどになります。一方、人間の脳の重さは、体重のおよそ四十五分の一で、二・二パーセントほど。つまり、体に対する脳の割合は、小鳥の一種であるジュウシマツの方が確実に大きいのです。

体の小さな動物は、大きな動物と比べて脳が比率的に大きい傾向がありますが、そうした点を割り引いても、ジュウシマツは大きな脳をもちます。

宇都宮大学の杉田昭栄教授の実測データによると、ハシブトガラスの脳重は一〇・七（一一・二～一〇・二）グラム、ハシボソガラスの脳重は八・八（九・二～八・四）グラムほど。カラスの体重は四〇〇～七〇〇グラムほどですから、脳と体重の比率は人間に近い数値になります。なお、ワタリガラスの脳はおよそ十四グラムで、体が大きい分、さらに重くなっています。

動物の体の重さに対する脳の重さをプロットしたグラフを見ると、「大きな脳をもつ」という特徴が鳥類全体に当てはまるものであることは一目瞭然です。

241ページに掲載した図1のグラフの中に、二つのグループが存在することがわかるはずです。図中上にあるのが鳥類と哺乳類のグループ、そして下にあるのが魚類と爬虫類のグループです。図中に名前はありませんが、両生類も下のグループに属します。

たとえばグラフの中、どこか適当な場所に縦にまっすぐ線を引いてみます。その線は、同じ体重であることを意味します。また、グラフは指数ですから、大きな目盛がひとつ上がると脳重は十倍になります。つまり、哺乳類と鳥類の脳は、ほかの動物に比べて十倍から百倍も重く、格段に発達している、ということになります。

爬虫類から恐竜を経て鳥が誕生した過程で、鳥の脳は大きな進化を見せました。その確かな証拠が、ここにあります。

図の上部を見ると、体重が一キログラム前後の鳥が、霊長類と接する位置にあることがわかります。カラスおよび、大型のオウムとインコが、その接する点にいます。

脳の重さ、大きさから見えてくるその発達具合を数値としてあらわす方法もあります。それは「脳化指数」と呼ばれるもので、人間を一〇とする計算式で見ると、チンパンジーが四・三、カラスが二・一、サルが二・〇、ハトが〇・四、ニワトリ〇・三などとなります。

脳化指数の計算方法はいくつかあり、また計算のもとになった脳によって数値は変わってきますが、ここで示した並び順は基本的に変わりません。

もちろんこの数値だけで、動物がもつ脳の性能を評価できるわけではありませんが、カラスが上位に食いこんできている意味は明白です。

ちなみに同じ方法で計算すると、イヌとネコはそれぞれ、一・八、一・六前後で、数値だけで見れば、カラスの方が上ということになります。大型のインコやオウムの数値はまだ報告されていませんが、カラスとほぼ同等と考えられています。

図1　脳重と体重の関係

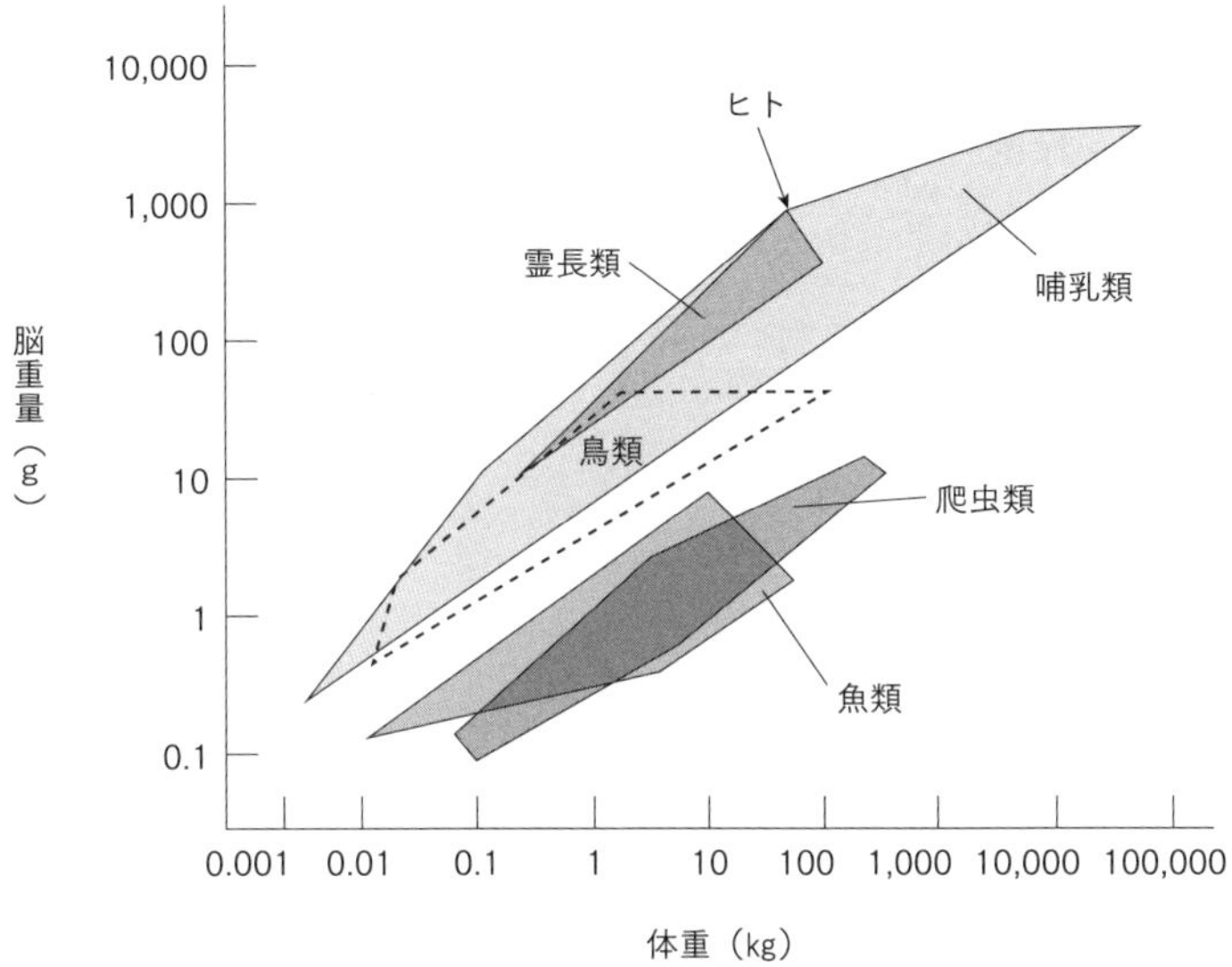

Jerison H J, Evolution of the Brain and Intelligence, Academic Press, New York, 1973. より改変

表1　脳化指数の数値

種類	脳化指数
ヒト	10.0
チンパンジー	4.3
カラス	2.1
サル	2.0
ネズミ	0.6
ハト	0.4
ニワトリ	0.3

人間を10とする計算式で算出した脳化指数。数字が大きいほど、脳が大きい（重い）ことを意味します。慶應義塾大学プレスリリース（2007年）より。

2 道具を使う、道具をつくることができる意味

道具を利用する種は、哺乳類よりも鳥類の方が多い

序章で示した「人間らしさをつくっていること」のなかで、人間がもつ資質として多くの人が挙げるのが「道具の利用」です。人間は道具をつくり、それを使うことで文明の階段を駆け登ることができました。道具と人間は切っても切れない関係にあることを、だれもが自覚しています。

人間に近い生き物であるチンパンジーが、石や木の枝を道具として使う例があることは数世紀前から知られていました。ゾウは鼻で石や木の切片をつかんで投擲《とうてき》し、ラッコは石を使って腹上で貝を割って食べます。ほかにもイルカやハダカデバネズミの例などがありますが、道具を使ってなにかをする哺乳類は、実はあまり多くはありません。

それに対し、道具を使うことのできる鳥類は二桁を超えます。過去の論文では、二十六種の鳥が道具を使うという報告もありました。さらには使う道具を自作し、携帯する鳥さえいます。

道具はおもに食料を得るために利用されますが、なかにはナワバリの主張やメスへのアピールのために使う例もあります。ニューギニアやオーストラリア北部のジャングルに棲むヤシオウム

のオスは、木の切れ端を足にもって、大きな生木や枯れ木に打ちつける「ドラミング」をします。その音は周囲に響き渡り、自分のいる場所を同種のメスや、ライバルになるオスに伝えます。

自動車に轢かせてクルミを割るカラス

日本のハシボソガラスは、自動車の通る道で、タイヤが通過するあたりの位置にクルミを置き、近くの木の枝の上などで待機。車に轢《ひ》かれてクルミが割れたら降りてきて、割れた中身を食べ、またクルミを置く、ということをします。

こうしたハシボソガラスの行動にはさまざまなバリエーションが見られ、もっとも賢いものでは、横断歩道の手前で停車した車の前輪の直前にクルミを置いて待つような行動も見られました。より確実にクルミを割ってもらうために考えた末の行動です。

カラスは仲間の行動を見て「学習」し、その行動を「模倣」することができるため、やがて同じような行動がほかの個体でも見られるようになります。それがそのエリアに暮らす同種に広く伝わり、真似をする個体が増えることで、「文化」としてその地域に定着していきます。

こうした「クルミ割り」は、一九七〇年代には宮城県の仙台市付近だけで観察されていましたが、最近では、岩手県の盛岡市や太平洋沿岸の都市、秋田県東部から中部の仙北市や大仙市のほか、青森県や山形県、東京都の吉祥寺でも見られるなど、その行動は確実に拡がっています。

興味深いことに、「自動車でのクルミ割り」は本州にとどまらず、北海道の札幌市や函館市でも確認されています。津軽海峡を渡って方法を伝えたカラスがいたとは考えられないため、北海道でも独自に、ハシボソガラスが同じようなやりかたを編み出したということなのでしょう。

東北各地の沿岸部を中心に、ハシボソガラスは古くから、大きな岩やコンクリートの岸壁にクルミや貝を落として、割って食べてきました。ある高さから落として割れなかったときは、さらに高い場所から落としたり、落とす場所をより硬い岩に変えるなどの工夫も見られました。

アスファルトの道路上にもクルミを落とす例があり、落ちたクルミを自動車が勝手に割ってくれたのを見て学習したカラスが、やがて直接、車に轢かせるようになったと考えられています。遠く離れた場所でも同じような行動が見られるようになった理由も、こうした事実から見えてくるように思います。なお、硬いものの上に殻のあるものを落として割って食べる行為は、日本だけでなく、アメリカやニューカレドニアのカラスでも観察されています。

エジプトハゲワシの場合

貝やクルミは小さく、くちばしで簡単に持ち上げることができますが、たとえばダチョウの卵は大きく重く、ひっかかる部分もないため、体の大きな鳥でもくわえて飛び上がることができません。足でつかんで持ち上げることができたとしても、上空から落としたら割れて中身が飛び散り、大部分が地面に吸われます。せっかくのごちそうも、食べられる量が減ってしまいます。どうしても卵の中身が食べたいエジプトハゲワシは、試行錯誤の末、ほどよい石をほどよい高さから落とせば、卵に穴だけ開けることができて、そこから余すことなく中身を食べることができることを学習しました。

疑似餌をつかって漁をする

魚の習性を理解したうえで、「漁」をする鳥もいます。熊本市の水前寺公園とその周辺に暮らすササゴイは、昆虫類などの生き餌のほか、さまざまなものを疑似餌《ぎじえ》として水面に落とし、餌とまちがえて水面近くまで上がってきた魚を捕えます。

池や川のよどみになにかを落とすと、水面に波紋が広がります。それを見た魚は、餌になる小虫でも落ちたかと思い、深いところから水面近くまで上がってきます。そこを捕えるわけです。もともとササゴイは、水辺でじっと水面を見つめて待ち、魚が来るのを見た瞬間、水中にダイブして捕えるような漁をしていました。

ササゴイにすれば、疑似餌を落とすことで待ち時間が短縮でき、さらには魚を捕えるためのダイブの回数を増やすこともできるわけです。水面近くまで獲物が上がってくることで、漁の成功率も上がります。疑似餌漁は、確実に食べ物を確保するためにとてもよい方法なのです。

ちなみにササゴイが疑似餌に使うのは、羽毛、小石、木の葉、どんぐり、樹皮、キノコといったもので、加えて、実際に魚が食べる可能性のあるバッタ、ゲンゴロウ、ハエ、ミミズのほか、菓子類、パンクズなども使います。人間が池の鯉にパンクズなどを投げ与えているのを見て、この方法を思いついたようです。餌と魚の関係を理解し、結果を予測したうえでそれを実践できたササゴイの洞察力に驚きを感じます。

道具をつくる文化をもつカレドニアガラス

「さまざまな動物が道具を使うが、目的に沿った道具をつくれるのは人間だけ」という観念を軽く吹き飛ばしてくれたのが、南太平洋のニューカレドニア島に棲む、カレドニアガラス。

コンパクトな体型で、脳重はおよそ七・六グラム。日本に暮らすハシボソガラスよりもひとまわり小さな脳であるにもかかわらず、道具を自作し、使いこなす実力をもちます。

カラスの仲間は基本的に雑食ですが、高タンパクで、ほかの栄養価も高い昆虫の幼虫も好んで食べます。ある地域のカレドニアガラスは、ふたまたに分かれた木の枝をくちばしで折り取って、根本側を短く、二股の片側も短く折ります。枝についていた葉も、きれいに取り去ります。その結果、折り取った枝は、「フック状（鉤状）」の棒になります。

それを穴が空いた枯れ木の中に差し入れ、中にいるカミキリムシの幼虫をひっかけて引きずり出して食べるのです。ほどよい枯れ枝が落ちていたら、拾ってそのまま、あるいは少し加工して使うこともあります。若鳥が、大人のカラスが捨てた枝を拾って使うケースももちろんあります。なお、使ってみてよい道具だと実感できた作品（道具）ができたときは、それを「マイ道具」として持ち歩く例があることも確認されています。

狭い穴の奥に虫がいるケースでは、細いまっすぐな枝を差し入れ、虫の頭をつっついて怒らせて、噛みついてきたところでさっと引き抜いて、引っぱり出して食べる、といったこともします。

密集した葉と葉のあいだに身をひそめる虫を食べるには、細く平たい道具を使って〝掻き出す〟のがいちばん。カレドニアガラスはトゲのあるパンダナスの葉から、トゲを含む端の部分を細長く十五センチメートルほどの長さに切り出して道具に使います（図2下、参照）。

人間が定規など平たく長いものを使って細い隙間に落ちたものを取り出すように、細く切り取ったパンダナスの葉を使い、カレドニアガラスは虫を引っかけ、掻き出して食べます。

カレドニアガラスが自作して使う道具は、住んでいる地域ごとに異なることが知られています。カレドニアガラスの若鳥は、同じ地域に暮らす先輩カラスの作業を見て、道具の作り方や使い方を学びます。じっくり見たあと、自身の頭でやりかたをイメージしながら、トライ・アンド・エラーを繰り返し、道具づくりと虫取りの精度を上げていきます。

数年後、熟練のレベルに達したカラスは、その年や前年に生まれた若いカラスに技を見せて伝える「師」となります。こうして「文化」が継承されていきます。

図2　カレドニアガラスの道具づくりとその利用

①

②

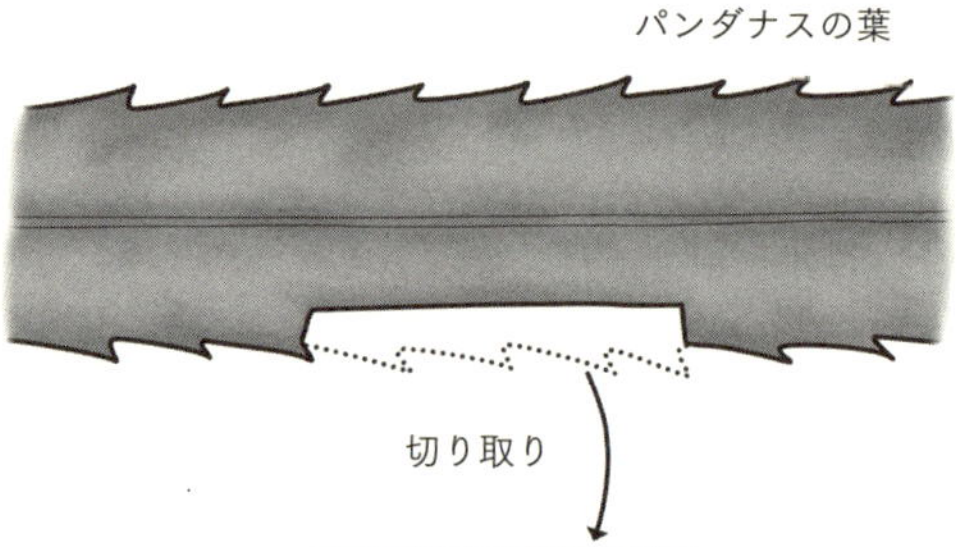

カレドニアガラスの道具づくりと利用の例。①では、折り取った二股の枝を上手く加工し、フック状の道具にして使います。鳥には利き目や利き足があることが知られていますが、カレドニアガラスが道具を利用する際も、くちばしのどちら側に道具の先端をもってくるかが決まっています。
②パンダナスの葉に、縦に1cmほどの切り込みを入れ、切り出したい側の切り込みのすぐ近くをくちばしでくわえて持ち上げるようにすると、葉の縁と平行に葉は細く裂けます。ほどよい長さの場所にもう一度切り込みを入れると、虫取り用の道具の完成です。

ガラパゴス諸島に棲むキツツキフィンチも、カレドニアガラスと同じような方法で食料を得ます。名前のとおり、キツツキのように木に穴を開けることができる鳥ですが、くちばし自体は短く、またキツツキのような長い舌ももっていません。そのため、虫が中にいることを察したキツツキフィンチは、自身のくちばしで穴を開けたあと、サボテンのトゲをくちばしにくわえて穴に差し込み、刺すなどして、中の虫を引っぱり出して食べます。キツツキフィンチが使う道具は、サボテンのトゲを折り取っただけなど、カレドニアガラスに比べて単純なものが多く見られます。

なお、興味深いことに、キツツキフィンチもカレドニアガラスも、朽木などに潜む虫を耳を使って探ります。木に耳を寄せ、中で動く音を聞くのです。音が聞こえないときは、本当にいないかどうかを確認するために、くちばしや足で衝撃を与えてみて、中の反応を伺ったりもします。

研究室でカレドニアガラスが行ったこと

カレドニアガラスは確かに、野生下で「道具づくり」と「道具使用」の文化をもちます。それは何十年、何百年と受け継がれてきたもので、今生きているカレドニアガラスが誕生したとき、そこには道具をつくることも使うこともできる、手本となる先輩カラスが存在していました。

研究室で飼育されているカレドニアガラスを使い、未知の材料から道具をつくりだすことができるのかどうか確かめる実験も行われました。場所はイギリス、オックスフォード大学で、最初の被験者は「ベティ」と名づけられたメスのカレドニアガラスです。

縦に置かれた透明な円筒の底に、小さなバケツに入った餌が置かれます。空腹のベティは、そこに餌があることを認識して、食べたいと思います。ベティに渡されたのは、一定の長さに切られた細い針金。ベティが針金を見るのは、これが生まれて初めてのことです。

はじめベティは、針金をくわえて、筒の中に差し入れます。しかし、当然ながら、中のバケツを取り出すことはできません。やがてベティは針金が曲げられることに気づきます。故郷のニューカレドニアで仲間がフック状の道具に仕上げた小枝を使ってやっていたように、針金の先端を曲げれば、バケツをひっかけて取り出すことができることにも気づきます。そして、ベティのくちばしと足は、思ったとおりの作業ができるだけの器用さを備えていました。

最終的にベティは、針金の先端をフック状に曲げて、餌を吊り上げて食べることができました。この実験は十回行われて、そのすべてで針金を曲げる行為が確認されています。カラスもまた、「初めて見た素材」を「道具」に加工する能力をもつことをベティが証明してくれたのです。

さらにオックスフォード大学では、まったくヒントなしでもカレドニアガラスにこうした道具づくりが可能かどうかを追証する実験も行われました。実験室で人工的に孵化させた四羽のカレドニアガラスについて、そのうち二羽には道具づくりの様子を見せ、残りの二羽にはそうしたものを見せずに育てたうえで、四羽にベティと同じ課題を与えたところ、すべてのカラスがその課題をクリアしてみせました。

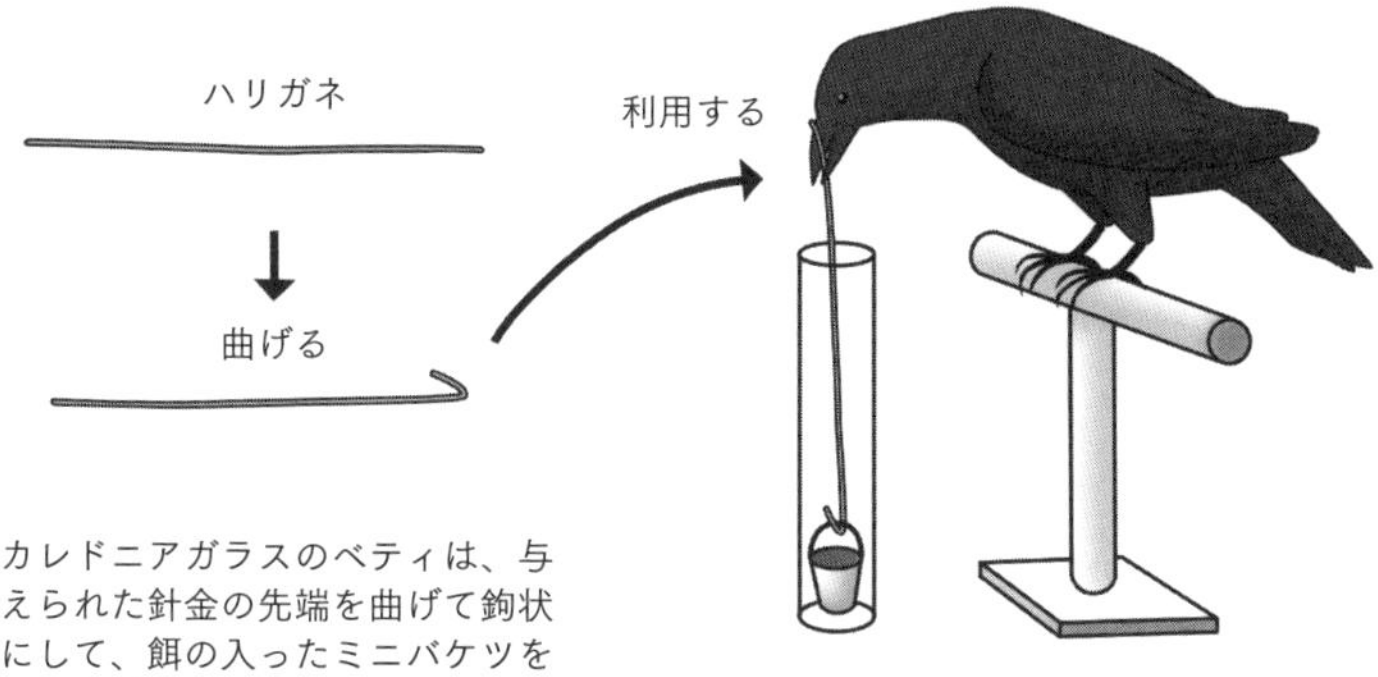

カレドニアガラスのベティは、与えられた針金の先端を曲げて鉤状にして、餌の入ったミニバケツを吊り上げることができました。

図3　針金を道具にしたベティ

これにより、ものを加工し、道具として利用する能力は、最初からカレドニアガラスの脳に組み込まれていて、見本や手本がなくても、それを行う能力をもつことが確かめられました。

研究室で見られたほかの道具使用の例

少し高さのある透明な円筒の中に半分ほど水が入れられ、そこに餌が入ったボートが浮いています。円筒の径は小さく、カラスの頭は入りません。また、くちばしは餌まで届きません。円筒の近くには小石が置かれています。この条件で餌が食べられるのかを問う実験が、ミヤマガラスに対して行われました。

筒の中に石を入れると水面が上がることを直感できたミヤマガラスは、くちばしが届くところまで水面が上がるだけの小石を投げ込み、無事に餌を確保することができました。小石を平たいプレートに変えても、同じように餌を確保することができました。過去にチンパンジーで同じ実験が行われた際、口に含んだ水を円筒に吐き出すことを繰り返すなどして餌が確保された事例がありましたが、同じ思考に基づき、同等のことをミヤマガラスが行ったということになります。

こうした事例はあったものの、鳥類のなかで、カラスに比類する頭脳の持ち主といわれるインコやオウムが道具を製作した報告は長いあいだありませんでした。飼育されていたオウムが自発的に道具をつくり、それを使って餌を食べたと初めて報告されたのは、二〇一二年のことです。

網によって隔てられた先にある餌を引き寄せて食べるために、「フィガロ」と名づけられたシロビタイムジオウムは、網の柵の土台の木の端を齧《かじ》り取って細長い棒をつくりました。そして、その棒を網の隙間から差し込んで、餌をたぐり寄せて食べる様子が観察されたのです。

フィガロの頭のなかで、「くちばしが届かない先にあるものも、『棒』かなにかがあれば届く」→「まわりには木の枝もなにも見つからない」→「なければつくればいい」→「なにが利用できる?」→「柵の土台の木!　古くて齧りやすそう」という一連の思考があったことは確かです。

実験室に連れてこられたフィガロは、板を割って細い棒をつくり、何度も再現してみせました。

その様子を、数羽のオウムにじっくり見せ、次にケージから出してフィガロがいた場所に連れてくると、キウィという名の同種のオウムが先に見たフィガロの行動を模倣して、与えられた板の端を細く割って、同じような細い棒をつくりました。さらにそのオウムは、棒を網の隙間ではなく、網の下から差し込んで、餌をたぐりよせて食べてみせました。道具づくりの技を見ておぼ

表2　道具を使うおもな鳥

キツツキフィンチ（エクアドル：ガラパゴス諸島）	聴力をたよりに幼虫のいる場所を見つけると、クチバシで木に穴を開ける。そこに、くわえたサボテンのトゲを差し込み、幼虫を突き刺し、引き出して食べる。
カレドニアガラス（ニューカレドニア）	木の枝を道具に加工して虫を捕る。 ヤシの木の葉の中に隠れている虫を、切り取ったパンダナスの細長い葉を使って釣り上げる。他 ◎針金をフック状に加工。
シロビタイムジオウム（インドネシア）	◎板を細く割り、割ってつくった棒を道具にくちばしの届かない場所にある餌をたぐりよせる。
ハシボソガラス（日本）	自動車にクルミを轢かせて、割れたクルミの身を食べる。
ササゴイ（日本）	パンクズなどを池に投げ込み、食べようと上がってきた魚を捕らえる。木の小枝、木の葉、羽毛、発泡スチロールなどを疑似餌にすることもある。昆虫類やミミズのような生き餌を使うことも。
アメリカササゴイ（アメリカ）	日本の同種と同様に、川や池に木の小枝、木の葉などを投げ込んで魚を捕らえる。
エジプトハゲワシ（東アフリカ一帯）	石をぶつけてダチョウの卵に穴を開け、中身を食べる。
チャガシラヒメゴジュウカラ（北アメリカ）	樹皮の鱗片を剥ぎ、くわえた鱗片で他の鱗片を開いて食料となる虫がいるかどうかを確認する。
ヤシオウム（オーストラリア、ほか）	足に持った木切れを樹に打ちつけてドラミングする。

※　◎は研究室または飼育下　無印はすべて野生

えただけでなく、その使い方を自分なりに工夫したことが、ここからわかります。

野生下、実験室での鳥の道具利用の例はほかにもあります。今後も報告が上がってくるでしょう。こうした事例からわかるのは、「道具」は人間だけのものではなく、鳥もまた道具を使える知的な生き物だということです。

3 鳥は記憶する

貯食と記憶

町中でもよく見かけるハシブトガラス、ハシボソガラスなどのカラス類は、余った食べ物を隠し、あとから取り出して食べる「貯食」という習性をもっています。貯食はカラス類、ホシガラス類、カケス類といったカラス科の鳥に広く見られるほか、ゴジュウカラ科やシジュウカラ科、キツツキ科の鳥のなかにも貯食をするものがいることが知られています。

カラスは、地面のくぼみ、小石の下、屋根などの隙間、パイプの穴、落ち葉の下などに、ほかの仲間に見つからないように、慎重に食べ物を隠します。地面を利用するときは、上に枯れ葉を乗せるなど、カムフラージュも万全に行い、万が一、隠すところを仲間のだれかに見られてしままったときには、あとからこっそり隠し直す、ということもします。

今から二〇年ほど前の一九九六年、JR東日本は線路の上に幾度も置き石をした犯人を必死で探していました。ほどなく見つかった「犯人（犯鳥）」は、付近に棲むハシボソガラスでした。

人間もほかの動物も来ない、食べ物を隠すには絶好の場所として、線路敷地内にある砕石や枕木の下を選んだカラスが、貯食するものを隠すために取った石を線路上に置いたまま飛び去ったことが置き石の原因でした。この事件で、カラスが貯食することを知った人もいたはずです。

食べ物を隠したカラスは、どこになにを隠したのか、はっきりとおぼえています。少し経験を積んだカラスは、腐りやすいものとそうでないものをおぼえ、傷みやすいものから先に取り出して食べるなど、食べ物に「消費期限」があることも理解したうえで行動するようになります。

これだけでも十分に驚きますが、大量の「記憶」という点で、野山に暮らすカケスの仲間やホシガラスが、さらに優れた才能を見せます。

未来を予測した計画的な越冬戦略

冬場、野山では極端に食べ物が少なくなります。それでも鳥は、生きていくために、毎日食べ続けなくてはなりません。冬に備えて、カケスは秋のうちに食料となるドングリを集め、自分の行動範囲の中のさまざまな場所に埋めていきます。

最大で四千カ所にものぼる隠し場所を、カケスは正確に記憶します。冬になり、地面が雪に覆われてしまったとしても、まわりの木や岩など、目印になるものの記憶をたよりに、隠し場所を正確に思い出して、必要なときに必要な食料を手に入れることができます。

特筆すべきは、カケスが一冬を生き抜くために必要な食べ物の量を把握したうえで、その量プラスアルファの食料を秋に集めて隠すということです。季節は毎年、同じように変わっていきますが、年によって春が少し遅いこともあります。多めに隠すのは、そうしたリスクを減らすためでもあり、リスなどに見つかって一部が盗られてしまっても飢えないための保険でもあります。

カケスの貯食はいうなれば、これから数カ月先の「未来」を念頭に置いたうえでの「計画的な戦略」である、ということ。そしてそれは、彼らがもつ高い「空間記憶」の能力の支えがあって初めて実行が可能になります。

貯食という行動が、食料が不足したときの「備え」として発達したという仮説の真偽を検証するような実験も行われました。場所はイギリス、ケンブリッジ大学です。

八羽のアメリカカケスに対して二つのケージが用意され、片方には朝、十分な餌が用意される一方で、もう片方には朝に餌がまったく置かれないことを最初に学習させました。その後、両方のケージに自由に出入りができるようにしたうえで、夕刻に十分多くの餌を与えたところ、カケスたちは朝に餌のないケージに飛んで行って、そこに一食分以上の餌を隠しました。

そのケージに入れられた状況を想定して、朝に餌がもらえなくても「飢えない対策」をしたわけです。つねに食べ物が見つかるとはかぎらない野生を生き抜くための本能が、飼育下でも消えることなく、彼らにそういう行動を取らせたと考えることができます。

なお、記憶力に関して、カケスをはるかに上回る鳥も存在します。アメリカの高地に暮らすハイイロホシガラスがそうです。マツの種子が主食のハイイロホシガラスは、食料の少なくなる冬に備えて、秋のうちにこの種子を三〜五個ずつ、地面の中に埋め込んでいきます。その場所は五千カ所以上で、貯食される種子は最大で三万三千個にものぼります。カケスと同様、腐ったり、ほかの動物に食べられたりする可能性も考慮したうえで、一冬を越えられる十分な量を隠します。

もちろんカケスもハイイロホシガラスも、隠し場所に目印など付けません。そもそも、五千もの場所に印をつけること自体、無意味でもあります。彼らの脳は小さなコンピュータのように機能していて、このエリアのどこになにがあるという具体的な情報がこと細かく記録されています。それは、脳内に三次元の地図アプリがあり、それを立ち上げることで、隠し場所をいつでも把握できるようなイメージです。

こうした記憶能力により、貯食する鳥たちは、季節が進むなか、どの場所の種子をすでに食べていて、どこに残っているのかという情報も含めて、明確に思い出すことができます。

貯食をする鳥は、人間とも共通する記憶法を使いながら、人間を超えた高い才能を見せます。空間記憶とその活用という点において、一般の人間の記憶力はとても彼らに太刀打ちできません。

要は「海馬」

人間の大脳には「海馬《かいば》」と呼ばれる部位があり、日々のできごとの記憶や空間的な記憶、そうした記憶の定着と深く関わっていることがわかっています。

人間の記憶には、目や耳などの感覚器から入った感覚情報をそのままのかたちで記憶する「感覚記憶」(一〜五秒のみ残留)と、それより長く保てる「短期記憶」(ほとんどが一分以下)、数カ月、年単位から生涯にわたっての記憶となる「長期記憶」があります。海馬は、短期記憶を長期記憶に書き換えて保存する「記憶の固定化」にも大きく関係しています。

人間の海馬は外からは見えない脳の奥深くにあります。「海馬」という名前は、タツノオトシゴ(＝海馬)にその形状がとてもよく似ていたことからつけられました。

海馬はもちろん、ほかの哺乳類の脳にもありますが、あらゆる動物が同じ位置に同じかたちでもつわけではありません。また、その機能も人間と完全には一致しません。あらゆる種に共通する機能がある一方で、その種だけがもつ機能もあるからです。

人間と同様に、鳥にも、感覚記憶、短期記憶、長期記憶があることがわかっています。また、鳥の大脳にも海馬があり、人間に近い機能をもちます。その一方で、「空間記憶」に対して、鳥の海馬が人間の場合よりも強く関わっていることも判明しています。

カラス科の鳥が豊かな空間記憶をもとに貯食ができるのも、ハト科の伝書鳩（ドバト）が飛行ルートをしっかりおぼえられるのも、海馬の働きがあってこそです。なお、鳥の海馬は、脳の深部にある人間とは対照的に、頭頂部の薄い頭蓋骨のすぐ下にあります（276ページ参照）。

利用頻度が高い海馬は肥大化します。たとえば路地が入り組んで、とてもわかりにくいロンドンの町を走るタクシー運転手の海馬は、一般人よりもはるかに大きいことが以前より知られていました。カーナビのない時代は、地図をたよりに自身自身で道をおぼえるしかなく、日々それを繰り返すことで海馬が活性化して、より機能的に働くようになっていたわけです。

逆に人間の海馬は、なにもしないでいると、年に一、二パーセントずつ縮小していきます。それにともない、一般的な記憶能力も空間記憶の能力も衰えていきます。

実は鳥も同じで、捕獲されてケージに移された野生のコガラが、わずか一カ月で二割以上も海馬を縮小させたという報告がありました。コガラなどが属するカラ類で、ほぼ同じサイズの「貯食する種」と「貯食の習性をもたない種」の海馬を比較すると、その大きさに二倍も差があるというデータがあるほか、貯食する種の海馬が、特に空間記憶を必要とする冬季において肥大し、夏場には縮小するなど、季節変化をすることも知られています。

海馬は使われることで大きくなり、性能を増す。人間も鳥も同じであるということに脳の神秘を感じます。同じやり方で場所を記憶し、思い出しているという事実もそうです。

なお、ここで挙げた鳥のほか、カッコウ類など、他種の鳥の巣に卵を産んで自分の替わりに抱卵させる「托卵鳥」のなかにも海馬を発達させているものがいます。托卵できる相手がどこに巣を作っているか把握して、効率よく産卵するために発達したのではないかと考えられています。当然ですが、そうした鳥種で海馬を発達させているのは、卵を産むメスのみです。

4 鳥は遊ぶ

カラスの遊び、インコの遊び

人間は、生活とは無関係に、自身の楽しみとして遊びます。一人遊びもしますし、複数の仲間で遊ぶこともあります。「遊び」もまた、「人間らしさ」をあらわすもののひとつに挙げられますが、鳥もまた遊びます。特に、知能が高く、好奇心も強い、カラスやインコ・オウムはよく遊び、またその遊びには小さな人間の子供の遊びと酷似している部分があります。

まずカラスですが、人間の生活があるあらゆる場所に彼らはいて、遊んだり、いたずらしたりする様子が見られます。その目で目撃していなくても、テレビやインターネットでカラスの遊びの映像を見たことがあるという人は、多いことでしょう。

公園で人間の子供がすべり台で遊ぶのを見て興味をもち、自分でも滑ってみる例があります。

雪が積もった屋根や山の斜面などを滑り降りる様子は、海外の複数の場所でも確認されています。自分の足ではうまく滑らないとわかると、板切れやダンボールの切れ端などをどこかで見つけてきて、ソリに乗るようにして、それに乗って滑り降りるケースもありました。勢いがつきすぎて自身が雪上に転がってしまうことも、カラスにとってはおもしろい遊びのようです。

足でつかんで、電線に逆さまにぶら下がるカラスもいます。ふつうに止まった状態から、くるんと回る様子が見られることもあります。しばらくぶら下がったあと、わざと足をすべらせるようにして〝落ち〟て、ふたたび飛び上がって同じことをしたりします。片足だけになって、より大きな〝スリル〟を味わうケースもあります。ハシブトガラス、ハシボソガラスだけでなく、ワタリガラスもまた同様の遊びをすると報告されています。

動物にちょっかいをかけるのもカラスにとっては遊びのようで、人間に飼われている長毛のイヌの毛を引っぱって抜いたりするほか、奈良公園で鹿の尾の毛を抜いていたという報告もありました。動物園にいる動物の毛が引っぱられたり抜かれたりする「事件」も頻発します。宮城県の牡鹿半島の先に浮かぶ金華山という島では、鹿の耳にフンを詰めて遊ぶ様子が撮影されました。

落ちている枯れ枝も、仲間との遊びを提供してくれるおもしろい遊び道具のようで、枝をくわえたカラスにほかのカラスが近づいて、綱引きのような引っぱりあいをすることがあります。

また、公園で見つけたり、ゴルフ場から盗んできた小さなボールも完全にオモチャで、一羽で放り投げて遊んでみたり、ほかのカラスとともにそれを追いかけて、まるでサッカーでもしているように集まって遊ぶ姿を見ることもあります。

インコやオウムは野生ではあまり遊びませんが、人間のもとで暮らすインコやオウムは、身のまわりにある、あらゆるものを遊びに使います。もちろん同居する人間も遊びにつきあわされたり、人間自体がおもちゃにされたりします。ただし、遊びにも個性があって、ある鳥が楽しいと思うことをほかの鳥がみな楽しいと感じるとはかぎりません。逆に、だれかがやっている遊びやおもちゃに興味をもって、遊びに加わりたがったり、おもちゃを奪おうとすることもあります。

人間の幼児のように、ティッシュペーパーの箱から一枚ずつ抜き出してあたりに散らかしたり、巻かれたトイレットペーパーを転がして床に広げたりもします。人間の幼児やイヌがおもしろがってやるような遊びは、ほぼすべてやります。彼らの遊びは、それだけ変化に富んでいます。

テニスボールや野球のボールの上に乗って「玉乗り」をするインコも見られます。なにかを盗って走り去り、飼い主との追いかけっこを楽しむ鳥もいます。テーブルの上などから、さまざまなものを投げ落としては人間に拾わせ、また落とすということを延々と繰り返す鳥もいます。

遊ぶための条件、遊ぶことの意味

哺乳類の子供は、同時に生まれた兄弟や、群れの中の歳の近い相手と遊びます。哺乳類の子供の遊びには、仲間との付き合い方や群れで暮らすルールを学ぶなど、「一人前の大人になるための学習、人生のステップ」という側面があります。また、仲間とふれあって遊ぶことで、幼い情緒も安定し、その安定は大人になっても続きます。そのため、遊ぶのは、親や群れに庇護され、自分で自分を守ったり、食べ物を確保したりする必要がない幼い時期に集中しています。

野生の哺乳類、特に中型から小型の哺乳類の多くは、成長するにつれて生活することにエネルギーのほとんどが向くようになり、やがて遊ばなくなります。

家庭で暮らすイヌやネコが、たがいにじゃれついたり、〝もの〟を対象に遊ぶのは、仔イヌや仔ネコの時代に親が果たしていた役割を人間が代わって担ってくれることで、大人になっても自身の内に幼児性を残しておけること、また食事と安全が確保された家庭という空間では、食料集めに奔走する必要もなくなって、より大きな自由と好きなことに使える時間がもてるようになるためでもあります。そういう環境が、イヌやネコの心に遊びたいという気持ちを呼びます。

近いことが、飼育されている鳥にもいえます。インコやオウムだけでなく、ブンチョウやニワトリ、アヒルなども、安全安心な環境で楽しみを見つけ、人間や仲間の鳥と時間を共有しながら遊びます。生活とは無縁の、ただそれを「楽しむ」ための遊びを、彼らもします。なお、雛から幼鳥にかけての時期に親や仲間と十分にふれあうことで情緒が安定し、その安定が成鳥になっても継承されるのは哺乳類と同じです。幼い鳥類にもふれあいが不可欠ということです。

野生ながらさまざまな遊びを見せてくれるカラスには、人間のそばで暮らす選択をしたために食料の確保が楽になったという背景がありました。さらには貯食の習性ももつことから、ほかの鳥に比べて圧倒的に短い時間で食料を確保して空腹を満たすことができます。

また、カラスのまわりにはカラスの外敵になるような生き物はほとんどいません。雛の時代は別ですが、成鳥になってしまえば肉食獣のネコも怖くはなく、猛禽類も積極的にカラスを襲うことはありません。最大の敵である人間も、巣を落としたり追い払うのがせいぜいで、カラスを食べようとは思いません。こうしたことから、カラスには自由な時間と心身の余裕が生まれて、遊ぼうという気持ちもわきあがってくるわけです。

鳥の場合、「遊ぶ」のは基本的に大人（成鳥）です。成長し、知力や認識力が高まるにつれて――脳が発達していくにつれて、遊びたがるようになり、その遊びも高度になる傾向があります。それは、飼育鳥も、野や町で見かけるカラスも同様です。

生物が自身の楽しみとして「遊べる」ようになるには、機転のきく、発達した脳をもっていることが必要であることを、人間の例やこの事実は示唆します。自由な発想ができない動物には高度な遊びは不可能で、それを楽しむこともできませんが、この点についても、大人になったカラスやオウム・インコは、しっかりと条件を満たしています。

とはいえ、カラスの仲間やオウムやインコが、なぜこんなにも遊ぶのか、はっきりとした理由はわかりません。そもそも私たち人間でさえ、なぜ遊ぶのか、わかっていないのです。

「自分でもわからないが、それが楽しいから遊んでいるんだ。遊ぶことは楽しいことなんだ」

返事をすることが可能なら、人間と同様、カラスたちも、おそらくそう答えることでしょう。

5 概念を理解する

人間との対等な会話

動物と、言葉で話がしたい。

それは、古くからある人間の夢のひとつでした。

実現しなかったのは、「人間の声に近い発声ができる体の構造をもつ」「人間の概念を理解し、学習できる知能をもつ」「学習できる忍耐力をもつ」「自分自身でものを考えることができる」という四つの条件を満たせる生き物が私たちの身のまわりにいなかったためです。

地球上では、高等な鳥類だけが、この条件のすべてを満たします。

ただし、その鳥のやる気や性格、知的な能力にも左右されるため、高度な会話ができるようになる可能性はあまり高くはありません。たとえばカラスの頭脳は高度に発達していますが、オウムやインコに比べてわがままに振る舞う傾向が強いため、ほかの条件を満たしても忍耐力がネックとなって、実現するのは困難でしょう。一方で、アフリカ赤道部に暮らすヨウムは、カラスに匹敵するほどに発達した脳をもちながら、気性はとてもおだやかで、南米系の大型インコのように絶叫することもあまりありません。神経はかなり繊細ですが、忍耐力はあります。

かつて、アレックスというヨウムがアメリカの研究機関にいました。アイリーン・ペッパーバーグ博士によって時間をかけて訓練されたアレックスは、人間がもつ概念のいくつかを理解し、それを言葉に発することで、人間との会話も可能でした。

バナナ、チェリー、クラッカー、トウモロコシ、にんじん、水。

はさみ、鍵、釘、コルク、洗濯ばさみ。

紙、木、石、革。

赤／バラ色（rose）、オレンジ、黄色、緑、青、紫、灰色。

三角形、四角形、五角形、六角形、ラグビーボール型。四角い立方体（キューブ）、球。

アレックスは身のまわりにある、こうしたものの名称（ラベル）を五〇以上も理解していました。このほか、一から六の数字も理解し、その英単語を口にすることもできました。

紙や石、木、革、さまざまな食べ物のたぐいは実際に足でもち、くちばしでくわえて固さや質感を感じるとともに、味やにおいを確認するなど、五感をフルに使って理解をしていました。

アレックスがおぼえているものを手に持って、外国語の初歩のテキストにあるように、「これはなに？」と質問すると、「バナナ」とか「紙」とか、正しく答えることができました。もちろん、「これは何色？」という質問に対しても、「黄色」とか「青」とか答えることができます。

アレックスがこれまで見たことがないものを見せても、その色を正確に言葉にすることができました。たとえば緑色にも、若草の緑から常緑樹の濃い緑、プラスチックのくすんだ緑までさまざまありますが、「これは何色?」とたずねると、アレックスはちゃんと「緑」と答えます。頭のなかに「緑色」という「カテゴリー」がつくられていて、それに含まれる色だから「緑」という判断をしたわけです。

石にもいろいろなものがありますが、「石」がもつ「硬い」などの複数の特徴から、石がどんなものかを理解したうえで、それを判断することができました。人間のように、ものをカテゴリーに分けて理解することがヨウムにも可能であることを、この事実ははっきりと示していました。

なにが同じ、なにがちがう?

アレックスは三十一歳で急死してしまいましたが、三十年にもわたる訓練で、彼にできることは格段に増え、より高度な質問も可能になっていました。

日常から、アレックスには「赤い紙」「緑の鍵」「オレンジのキューブ」などのように複数のラベルの組み合わせで訓練が行われていました。そうした訓練によって、アレックスは色と形状と材質を同時に把握することができたため、特定の形状や特定の色のものをテーブルに並べて、「なにが同じ」かたずねることも可能でした。

「緑の紙」「緑の洗濯ばさみ」「緑の革」などをテーブルに並べ、なにが同じか聞くと、アレックスは「色」と答えます。正解をほめたあと、「どんな色?」とあらためてたずねると、アレックスは「緑」と答えます。このテストの正解率は八〇パーセントから一〇〇パーセントで、「ヨウム」という「鳥」でも、概念を上手く理解してきちんと回答できることを示したのです。

ちなみにアレックスは、一歳のときにペッパーバーグ博士に引き取られました。幼鳥時から特別な賢さを見せていたわけではなく、シカゴのペットショップで偶然出会ったのが縁でした。のちに世界でもっとも有名な鳥の一羽となったアレックスは、生まれたときは、ごく当たり前のインコでした。

ゼロの概念

並べられたものを見て、そこに指定のものがいくつあるのか確認する(数える)こともアレックスにはできました。たとえばテーブルの上の十数個の四角いキューブや丸いボール状のものを見せて、「オレンジ色のキューブはいくつ?」という質問にも「三」とか「四」とか、正解を口にできたわけです。

数字については、クリック音を聞かせて何回鳴ったかという聞き取りでのカウント実験も行われましたが、アレックスはそこでも正しく数字を言い当てることができました。クリックの時間が空いたときも、記憶していた前のカウントにあとからのものを足して答えることも可能でした。

テーブルの上に並べたものを見せ、指定した「もの」の数を答えさせる訓練で、そこに指定のものが存在しないこともありました。もちろん、アレックスは「そこにない＝0」という事実をはっきりと理解します。しかし、それを示す言葉を、彼はもっていませんでした。

訓練が続いた七週間後、アレックスはそこに「ない」ことを「none（ナン）」と表現できるようになりました。存在しないことを示す適切な言葉として、アレックスが自分で考え、新造したのです。「ひとつ（one）」も「ない（no／not）」という言葉を人間が発してアレックスの思考を促しはしましたが、直接その言葉を教えたわけではありませんでした。

この一連の状況で、人間による新語づくりの誘導などは些細なことに過ぎません。より重要なのは、アレックスが「ない」ことをはっきりと理解し、「none（ナン）」という言葉で定義したこと。鳥であるアレックスが、「無」「零《ゼロ》《れい》」の概念をもつことができたことです。人類が明確に零の概念をもつようになったのは、文明が進み始めた紀元後のこと。それを考えれば、鳥であるアレックスが示したこの成果には、非常に大きな意味があることがわかるはずです。

新語をつくり、人間に命令する

アレックスは独自のセンスをもって、「もの」に対する名前づけもしていました。たとえば、ヒマワリのタネのことを「灰色のナッツ」と呼んだり、乾燥トウモロコシのことを、その固さか

写真1　ヨウム　洋鵡と書きますが、オウム科ではなくインコ科です。人間の4～6歳に相当する知能をもつと考えられています。

ら「石のコーン（rock corn）」と呼んだりもしました。

研究者をもっとも驚かせたのが、リンゴを「バナリー」と呼び、自分が新たな単語を教わるときのように、まわりに対し、「これは、バ・ナ・リー」と発音することを促したことです。その食感や味から、リンゴはバナナとチェリーを合わせたもののように感じたアレックスが、「バナナ」＋「チェリー」から「バナリー」という言葉を新たに生み出し、さらにはまわりにもそれを教えようとしたわけです。これもまた、高度な脳の活動があって、初めてできることでした。

アレックスは、耳にしただけの言葉もおぼえて、適切に使う術も身につけていました。部屋に入ってきた学生がうるさすぎたときには「Go away!（あっちへ行け）」と叫んだり、行きたい場所があるときは「○○に行きたい」、そばに来てほしいときは「ここに来て」と請うなど、自分の意思を言葉のかたちで表現することができました。鳥と人間が対等に向き合い、言葉を使ってコミュニケーションできるということもまた、アレックスは教えてくれました。そういう意味で彼は、長年にわたる人類の夢を叶えてくれた存在でもあったわけです。

6　哺乳類とならぶ、もうひとつの高等脳

ちがう脳でも同じことができる

道具をつくり、道具を使い、高度な空間記憶をもち、人間のように遊ぶ。さらには、明確な好みをもち、記憶している特徴から仲間や人間を見分ける、など、ここまで解説してきたように、鳥にはとても高い能力があります。人間の概念を理解し、自分のものにすることもできました。

そうした「脳力」を生み出しているのが、哺乳類の脳に匹敵するほど重く、発達した脳です。

次ページに人間と鳥の脳の外見イメージを掲載しましたが、この図を見てもわかるように、哺乳類と鳥類の脳は、大きく見かけが異なります。見かけだけでなく、構造や情報伝達のしくみもちがっています。三億年の進化の隔たりが、両者の脳を大きく変えてしまいました。

それにもかかわらず、カラスやインコやオウムには人間に近い能力が備わり、似たような資質を見せます。次章でまとめている「感情」も、鳥と人間はかなり近いものを備えています。異なる脳でも、同じこと、似たような行動が可能であることを、彼らは示してくれました。

その理由として、近い環境で同じように進化した生物は、精神面や行動についても「収斂《しゅうれん》」あ

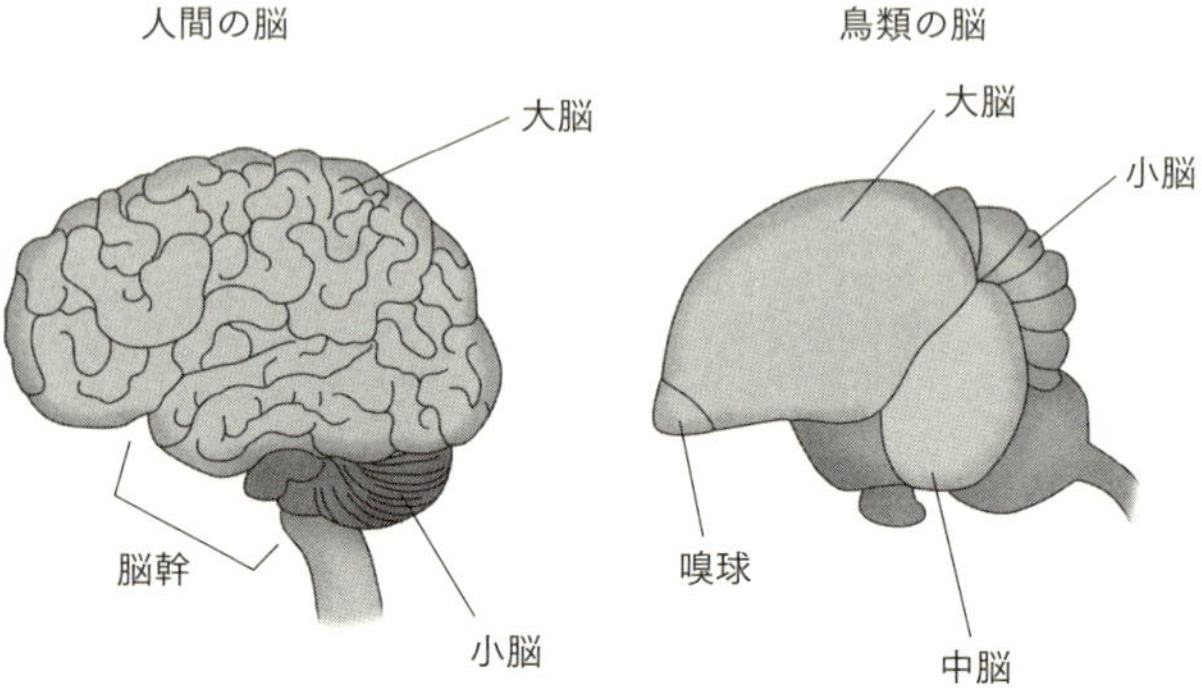

哺乳類と鳥類の脳（外見）の比較図。哺乳類は人間の脳、鳥類は平均的な鳥の脳をイラスト化。

図4　人間の脳と鳥類の脳（外見）

るいは収斂のようなものが見られることがある、ということがまず挙げられます。

また、今でこそまったく異なる生物になっていますが、哺乳類も鳥類も、進化を遡っていくと三億年前は同じ生物でした。別々の進化の道をたどりはしましたが、もとが同じであったがゆえに、脳の根幹部分には同じ基本構造が存在しています。それぞれパーツが変化して、組み立てが変わり、信号の流れは変わったものの、大脳、中脳、小脳の根源的な機能は変わっていません。

異なる設計思想のコンピュータでも、内部に演算ユニットやメモリーがあり、それぞれが配線で結ばれている事実は変わらないのと同じです。そして、ともに高度なコンピュータであるなら、異なるしくみを使って同じこと（同じ計算）をさせることも可能です。鳥類と哺乳類の脳の構造と機能については、そんなふうに考えると理解しやすいかもしれません。

脊椎動物の脳の基本構造

鳥の脳の話をする前に、脊椎動物に共通する脳の基本構造を簡単に解説しておきましょう。

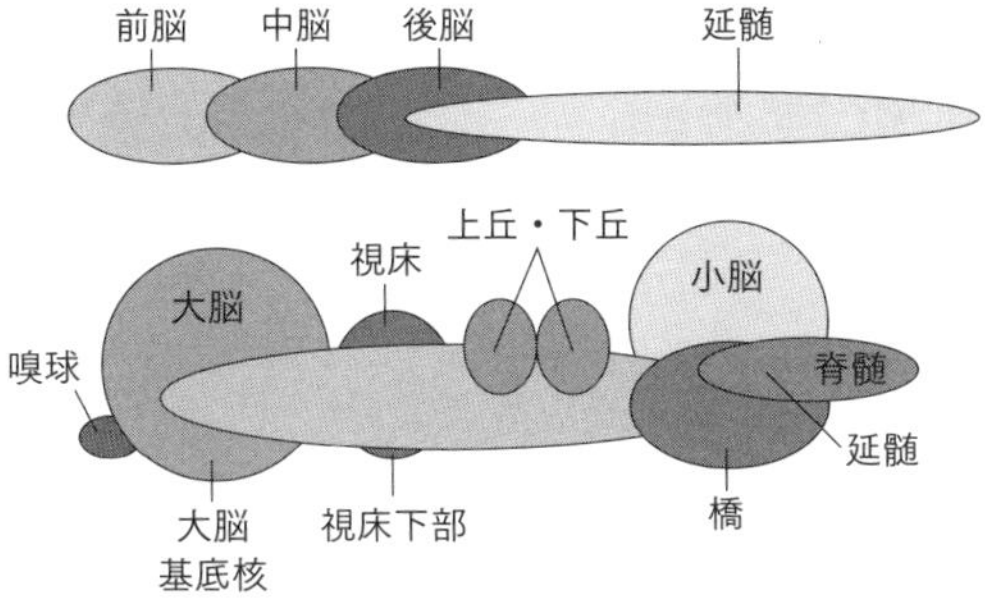

脊椎動物の脳の構造イメージ。形状はちがっていますが、鳥も人間もイヌやネコもこの基本構造は変わりません。『鳥の脳力を探る』（細川博昭）のイラストから改変。

図5　脊椎動物の脳の基本構造

脊椎動物の脳は、「前脳」「中脳」「後脳」「延髄」の四つの部分からできています。

前脳は嗅球、大脳と、視床、視床下部を含む間脳からなります。脳の先端部にある嗅球は、名前のとおり「嗅覚」情報を扱う部署です。大脳はあらゆる動物の脳活動の中心で、鳥や人間など、進化した生物では、記憶や判断、思考などの認知活動の中心にもなっています。

中脳には上丘《じょうきゅう》・下丘《かきゅう》が含まれ、上丘がおもに視覚からの情報を、下丘が聴覚からの情報を扱っています。地上に誕生したときからずっと、視覚と聴覚を中心に生きてきた鳥は、哺乳類と比べて、この中脳部分が大きく発達しています。人間の場合、肥大し、折り畳まれた大脳に完全に取り囲まれたかたちになっていて、外から中脳を見ることができないため、その名前はあまり知られていませんが、脳の奥深くにしっかりと存在し、機能しています。

後脳には小脳と橋《きょう》が含まれ、運動能力と大きく関係していることがわかっています。後脳はほかに「聴覚」情報も扱っています。

鳥と人間（哺乳類）の脳のちがい

哺乳類は大脳表面の「しわ」を増やすことで、その表面積を増やし、脳の処理能力を上げてきました。しわのある表面部分が神経細胞（ニューロン）の集まりである灰白質で、一般に「大脳皮質（新皮質）」と呼ばれています。その内側（下側）にあるのが、ニューロンとニューロンを結ぶ神経繊維の集まり（配線）である白質《はくしつ》です。

人間をはじめとした哺乳類の脳が大きく重いのは、大脳皮質の面積が増えるにともなって、配線の量が増えてきたためでもあります。つまりは、脳が発達した哺乳類の脳重量のかなりの部分が神経細胞ではなく、配線である神経繊維のものであるということです。

一方、鳥の脳には、哺乳類の脳のような「しわ」がありません。また、鳥の大脳は、白質と灰白質にも分かれていません。そのせいで原始的で性能が低いと思われてきた鳥の脳では、特定の機能に関わる神経細胞が「神経核」という小さなブロックとなって脳の特定領域に置かれていて、関連するほかの領域、神経核と短い神経繊維で結ばれています。こうした構造により、高い機能を維持しつつも配線に重量を取られることのないコンパクトな脳となっています。

進化が進むにつれて鳥類も脳を大きくしてきたわけですが、「飛ぶ」ことを考えれば、無駄に大きくはできません。このタイプの脳を得たことは、鳥にとって大きな僥倖でした。特定の機能を高めるように脳を発達させても、哺乳類の脳ほどは大きくはならないからです。

また、動物の脳は、行動内容と、よく活用する五感によって発達する部位が変わってきます。たとえば嗅覚の利用頻度が高い、多くの哺乳類や鳥のキーウィで、嗅球が大きくなっています。肉食恐竜のティラノサウルスも同様で、嗅球が大きく発達していたことがわかっています。

鳥の脳と人間の脳を比べると、鳥の中脳、小脳が大きいことがわかります。鳥はおもに視覚と聴覚の二つをたよりに生きる生物であることから、視覚と聴覚の情報を処理する中脳と小脳が発達するのは当然のことでした。また、三次元の空間である空を自在に飛行する能力を維持するためにも、運動に関わる小脳が発達していなくてはなりません。イラストで示した鳥類の脳は、そうした生活の「必然」から生まれたものでした。

鳥の大脳の構造と働きが全面的に見直されたのは、二〇〇四年のことでした。鳥への理解が進むにつれ、さまざまな矛盾点が出てきていたにもかかわらず、専門家のあいだでも継続して信じられてきた「鳥は原始的な大脳を上手く活用し、意外に高度な活動をしている」という考えが完全に否定され、哺乳類の大脳に近い機能をもつものであることが正式に認められたのです。

図6　人間の脳と鳥類の脳（内部構造）

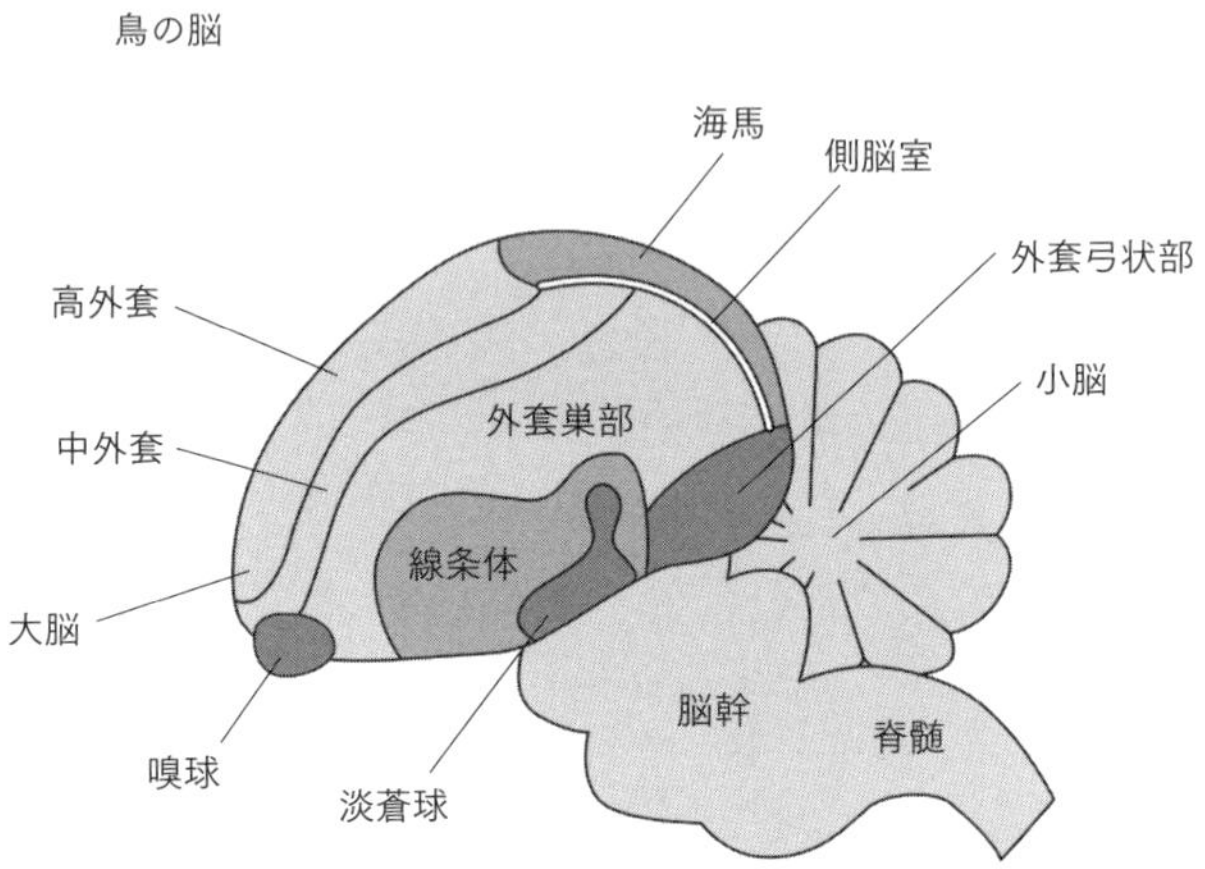

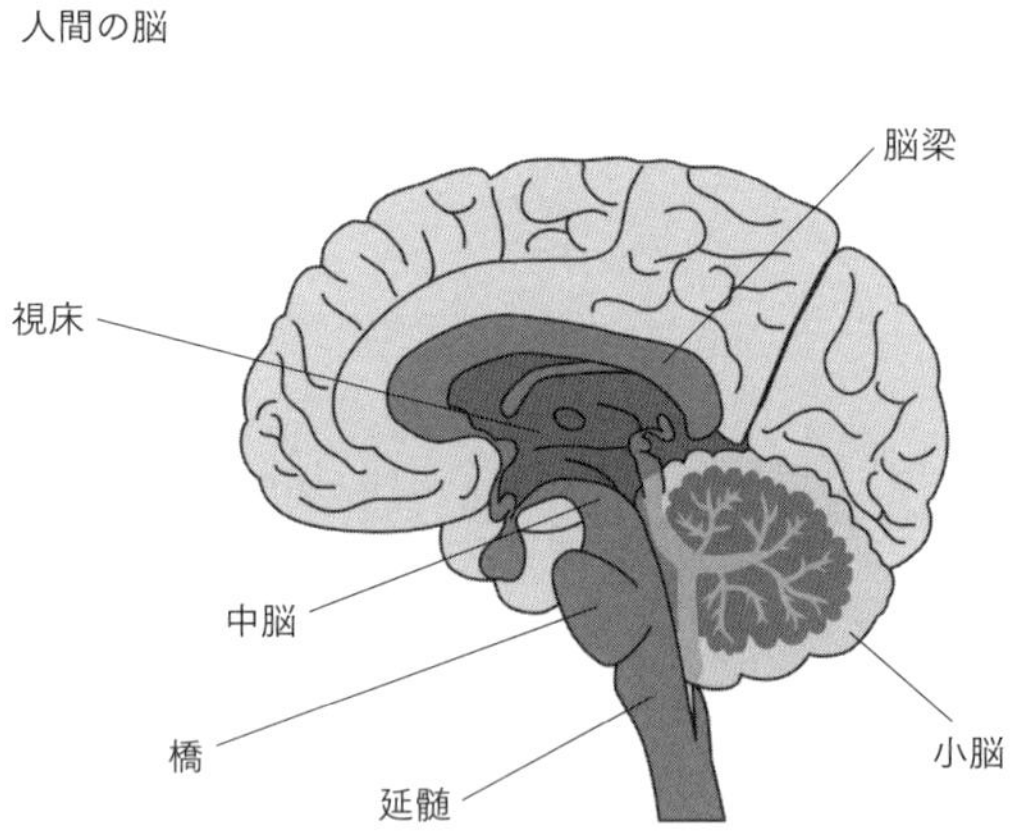

鳥の脳の解剖学的名称は、2004年に刷新された最新のものです。AvianBrain.org (http://www.avianbrain.org/)、New Avian Brain Terminology より改変し、「鳥類の脳の解剖用語の改定」（雑誌『遺伝』2005、奥村哲）等を参考に日本語の名称を付記。

前ページに掲載したのが、刷新された鳥の脳の内部構造の図です。

鳥の大脳の大部分は外套《がいとう》と呼ばれ、外側から高外套、中外套、外套巣部《そうぶ》、外套弓状部《きゅうじょうぶ》という組織が重なって存在しています。見直しが行われる以前から、鳥の脳の外套巣部周辺を、「背側《はいそく》脳室《のうしつ》周辺部」や「背側脳室隆起」と呼び、「DVR」という略称も使われていましたが、ここが哺乳類の大脳皮質に相当する重要な部位であることもあり、新しくなった解剖学的名称でも、DVRという名が継続して使われることになりました。

脳を進化させるにあたって、哺乳類が大脳の表面を「皮質」として発達させたのに対し、鳥類はより深い部分である脳室（脳内の腔）の内側を発達させました。これが、哺乳類型の脳と鳥類型の脳のちがいを生んだ源のひとつです。

哺乳類の脳が右脳と左脳に分かれているように、鳥の脳も右脳と左脳に分かれています。哺乳類では、二億本もの神経繊維の束である太い脳梁《のうりょう》が左右の脳をしっかりと結びつけ、さらに交連《こうれん》繊維《せんい》と呼ばれる細い神経繊維が複数の場所で左右の脳をつないでいます。

それに対し鳥の脳には、左右を結ぶ脳梁のような太い神経繊維は存在せず、外套弓状部および間脳、中脳にある細い神経繊維が左右の脳をつないでいます。左右の脳がほとんど分離しているようにも見える、頼りなさげな構造ですが、鳥もまた左右の脳をしっかり連動させて、ひとつの意識をもって暮らしています。

なお、哺乳類と鳥類では、「海馬」が存在する場所も大きくちがっていました。哺乳類である人間の海馬は外からは見ることのできない大脳の最深部にありますが、鳥の海馬は頭頂部で左右の脳が接するあたりに存在しています。

鳥の視覚処理のしくみ

哺乳類の大脳皮質は、層が積み重なった構造をしています。視覚野のある後頭部を含め、人間の大脳皮質は、上から一層、二層と重なり、六番目の層が最下部となる六層構造です。情報は層の中を上下に移動します。目から入った視覚情報も、まず視覚野の第四層に入り、一、二層を経由したあと、五、六層に送られ、そこから視覚野を出て、必要な場所に送られていきます。

それに対し鳥の大脳では、特定のニューロンが集まってできている「神経核」と呼ばれるブロックが脳の中のいくつかの場所に点在していて、入ってきた感覚信号は、それぞれ決まった神経核で処理されて、次の場所に運ばれるしくみになっています。

網膜から入った視覚情報は、間脳の視床に送られたのち、大脳の高外套、中外套にある「ヴルスト」と呼ばれる部位に送られます。ヴルストは三層になっていて、HA、HD、HVという名称が付けられています。この部位が、鳥の視覚中枢（視覚野）にあたります。

鳥も人間も、視覚情報は図7に示した二つのルートで脳内を流れます。ただし、人間の場合、中脳を通らない1のルートが主であるのに対し、鳥はおもに中脳を経由した2のルートで処理さ

図7　視覚情報を受け取る２つのルート

(1)　網膜 → 間脳（視床） → 大脳

(2)　網膜 → 中脳（上丘） → 間脳（視床） → 大脳

人間の場合、視覚情報はおもに (1) のルートを通ります。一方、鳥では、(2) が視覚情報処理のメインのルートになっています。身のまわりにある環境や仲間など、日常生活で使われるのは、もっぱら (2) のルートということになります。記憶の中にある複数の情報をもとに物や相手を認知するのも、この流れです。鳥が (1) のルートを処理につかうのは、重要な場所を記憶するなど、「空間認知」が必要な視覚情報が網膜に映ったときです。(2) のルートの情報は海馬には送られていないのに対し、(1) 経由の情報は海馬にも送られて、空間記憶の定着が行われます。

図8　鳥の視覚中枢と人間の視覚野（一次視覚野）

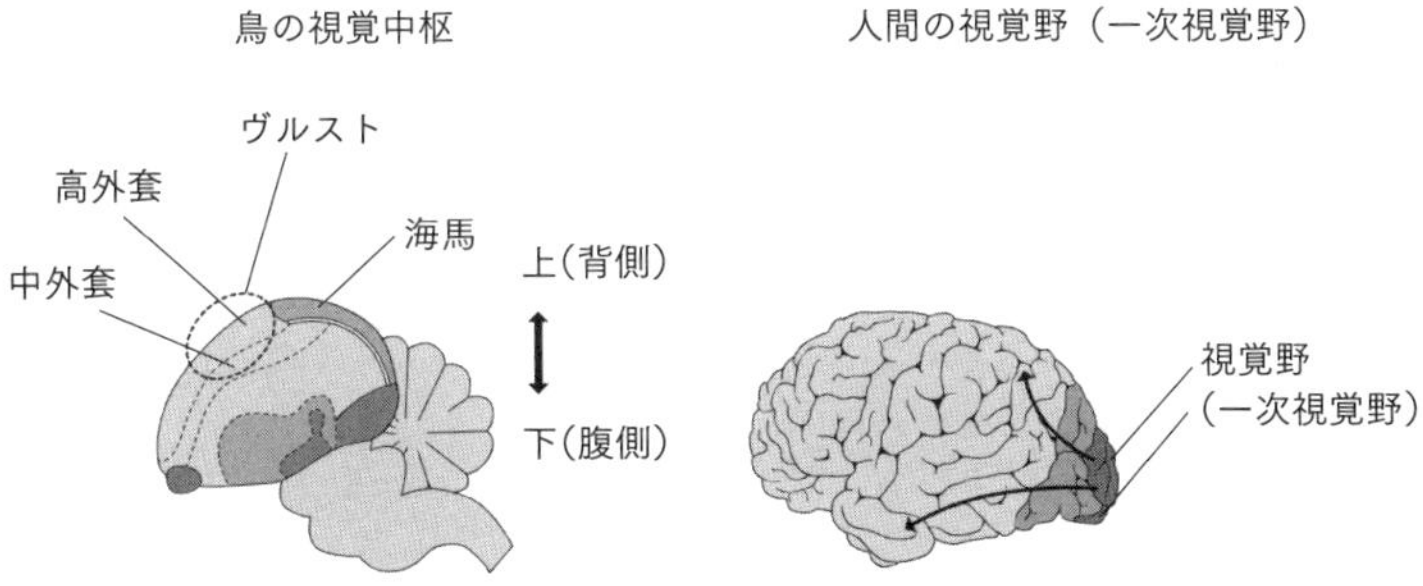

左：鳥の視覚中枢。脳の頭頂部、やや前方に視覚中枢ヴルストがあります。ヴルストは背側で空間記憶や記憶の定着と関係する海馬に接しています。
右：人間の視覚野。人間では、後頭部から脳の中心方向に向かって左脳と右脳が接する境界部分に視覚野（一次視覚野）が存在しています。

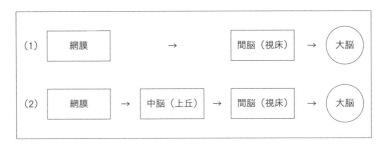

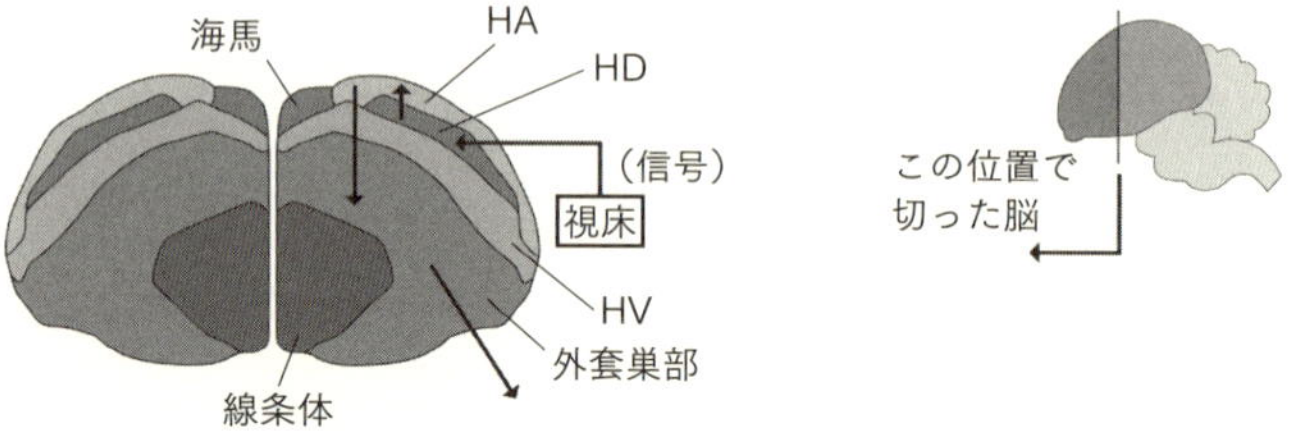

視床から大脳に送られた視覚情報は、HD から HA を経由してヴルストの外へと送られていきます。ヴルストへはいくつかの入力経路がありますが、ヴルストから脳のほかの部位に送られる信号は、高外套にある HA からのみです。

図 9　鳥の脳の中での視覚情報の流れ

れます。飛行しながら視覚情報を処理するには、こちらの方が都合がよいためと推測されます。

中脳を過ぎ、視床から大脳に入った鳥の視覚情報は、中外套のＨＤから高外套のＨＡへ移動し、外套巣部へと送られます。そこからさらに、外套弓状部を通って脳の外へと送られていきます。

これだけを見ると、人間とはまったく異なるシステムに見えますが、ＨＤ、ＨＡが位置する中外套や高外套の働きは、六層構造になっている人間の視覚中枢の第四層に近く、外套巣部は二層、三層に、また外套弓状部は五層、六層の働きに近いと推察されていて、事実の確認も進んでいます。つまり、ちがう機構であるにもかかわらず、人間と鳥は、脳の中で近い処理をしながら、ものを見て、反応をしていると考えられるのです。

歌う回路、聞く回路

さえずる鳥が歌の学習をする際の脳の働きもわかってきました。そのしくみについても、簡単にふれておきましょう。次ページに掲載したのは、鳥の脳の中にある聴覚や歌の制御に関係する部位と、聴覚信号の連絡経路です。脳の真ん中付近、外套巣部にある「フィールドL」(L野)が鳥の聴覚中枢(聴覚野)。耳から入った音声の信号は、中脳を経て、この聴覚野に運ばれます。

鳥が歌をさえずる際、信号はＮＩｆからＨＶＣへ、そこからさらにＲＡを経由して「舌下神経核」に運ばれ、鳴管の筋肉を震わせるしくみになっています(回路１)。簡単にいえば、回路１は歌うための回路です。ほかに、ずれている音程の補正などに使われる、歌の訓練のための回路(回路２)があります。それが、ＨＶＣからエリアＸ(Ｘ野)、ＤＬＭ、ＬＭＡＮというループをつくってＲＡに届けられる経路です。

ＮＩｆやＨＶＣは、哺乳類の大脳皮質と同様の役割を果たしている、神経細胞の集まりである「神経核」で、このうちＮＩｆ、ＨＶＣ、ＬＭＡＮは大脳の外套巣部、ＲＡは外套弓状部に位置しています。エリアＸは大脳基底核の一部で、ＤＬＭは間脳の視床にあります。

視覚系では、大脳から外に送られる信号は外套弓状部から出るかたちになっていますが、発声系でも発声に関係する筋肉を動かす信号は、外套弓状部から脳の外へと送られています。

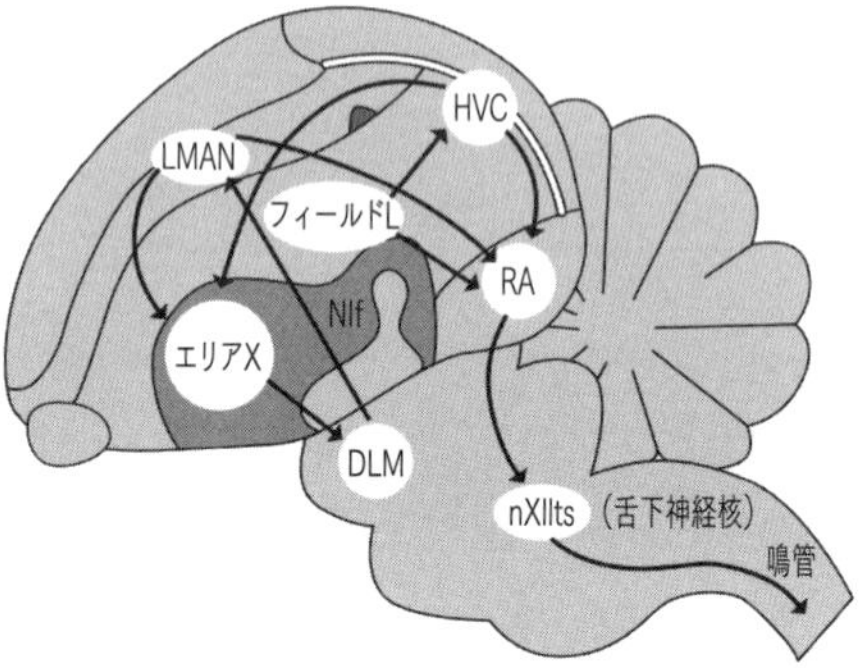

脳の中で二つの回路が働いて、さえずる鳥は歌をうたい、さえずりの熟練度を上げていきます。

図10　鳥の聴覚中枢と信号の流れ

鳥の歌の学習について、脳の働きもあわせた流れを再度まとめると、次のようになります。

（1）手本として聞いていたさえずりが脳の中で「鋳型」として完全に完成したあと、オスは回路1を稼働させて自身でさえずりながら、同時に脳の中に、手本の歌（鋳型）を引き出して鳴らし、耳で聞いた自分の歌と同じ回路上で照合。

（2）鋳型と自分の歌の差を確認したのち、舌下神経核を経由するかたちで、鳴管や気管、喉の奥の筋肉に補整された信号を送信。

（3）修正された歌をふたたび自身の耳で聞いて、再度の微修正をかける。

こうした作業の繰り返しで、鳥の歌は少しずつ完成型に近づいていきます。そのやり方や機能は、人間が正しい発声で言語を話すことができるように自己を訓練していく過程にきわめてよく似ています。ただ、この点については、鳥の脳活動の方が、人間よりもずっと高度です。

第8章　鳥の心と感情、鳥がもつ思考

1　人間以外の動物の心

人間は、言葉を得る前も「思考」していた

言語を得て以降、人間は言葉で思考するようになりました。

今を生きる私たちは、言語を使って考えることに慣れていて、そのやり方が唯一のものであるかのように思いがちです。しかし、言葉で会話するようになる以前の人類も、生活しながら、頭の中であれこれ考えていたことは確かです。

もちろん、複雑な感情が浮かぶ心も、もっていました。

言語をもつ以前の人類やその祖先が「心」をもっていたことを、科学者も宗教関係者も疑ったりしません。また、死者を弔ったと推察される遺構の発見などから、絶滅した人類近縁のネアンデルタール人にも思考する頭脳があり、心があったと人類学者は確信しています。

同じヒト族に分類されているチンパンジーは、離れた場所に行って、ふたたび群れに戻って来た際、抱きあったり、背中を叩いたり、キスしたりするなど、帰還のあいさつをします。その行動はとても人間的で、言葉こそないものの、十分に「ただいま」「おかえり」という「気持ち」や、仲間に対する「心」が伝えられるものになっています。

心は存在する

イヌやネコを飼育する人たちは、日々、彼らの心や感情と向き合い、それを受け止めたり、自分の感情を伝えたりしながら暮らしています。慣れた人間ならば、彼らの喜び、怒り、不安、退屈感、空腹感などを感じて、必要な対応や行動をすることも簡単です。もちろん飼い主は、イヌやネコが、彼らなりに「考えている」こと、「心をもっている」ことを疑ったりしません。

しかし、ほんの少し前まで、心や感情や思考をもつのは人間だけだと、頑なに信じられていました。たとえば半世紀前の一九六〇年代前半は、「性格、心、情動は人間にのみ認められる属性であり、人間以外の動物の行動のほとんどは、環境的、もしくは社会的な刺激に対する反応にすぎない」というのが研究者の共通認識であり、反する考えをもった者は「異端」として、研究の世界から追放されるような状況にもありました。

幸いなことに、それはすでに過去のものとなりつつあります。動物たちに心がないと妄信するのは科学的ではなく、人間だけが心をもつと考えることもまた人間の傲慢であるという思想も浸透しつつあります。

時代は、確実に変わってきています。

生物がその環境を生き抜きながら進化するなかで、「感情」や「好み」をもつようになったことは、まぎれもない事実です。今日も食料が得られたことは、動物にとってあきらかに「うれしい」ことであり、「好き」「好ましい」と感じる心があったからこそ、性淘汰も進みました。本能的な恐怖や経験に基づく恐怖が危険な状況を予測させ、「不安」を感じるようになったことで、危機の回避も可能になって、生存の確率が上がったことも否定できません。

動物が肉体的に進化するのと同時に、脳も進化し、発達してきました。そして、最新の脳科学は、脳と心が切り離せない関係にあることを強い説得力をもって証明しています。

そうであるなら、人間以外の動物にも心はあり、進化に合わせて変化させてきたと考えることこそが自然です。なぜなら、すべての脊椎動物は、過去の地球に誕生したある生物から分化し、進化してきたわけですから。

動物の中に「人間と同じ心」が存在すると考えることは、もちろんナンセンスですが、動物にはその動物なりの心があると考えて、おかしなことはありません。

動物の生態や心理を専門とする研究者は、動物がどんな心をもつのか、また、人間を含めた動物の心はどのような進化の道をたどって今に至ったのか、なぜ今のような心をもつようになったのか、ということに関心を寄せはじめています。人間の心の進化についての理解を深めたいと考える研究者も同様です。動物の心の進化、変化とその理由の解明は、人間がもつ「人間とはなにか」という永遠の問いにも、ヒントを与えてくれる可能性があるからです。

言葉を得る前の人間の「思考」を模索する

心とも密接に関わる「思考」についても、深い研究と考察が始まりつつあります。言語を介さなくても脳の中で論理的な思考は可能であること。また、学習したり、道具を生み出すことも可能であり、未来予測さえできることを、鳥は示してくれました。

まだ動物的に暮らしていた言語をもつ以前の人間が、どう思考していたのか教えてくれる存在がいるとしたら、それは身のまわりにいる鳥や動物などの生き物以外にありません。なかでも、人間に近い頭脳や心をもった鳥から教わること、学べることは、予想以上に多いかもしれません。アレックスは亡くなっても、ペッパーバーグ博士のもとでは、他のヨウムにさまざまなことを学習させる研究が続けられています。人間の言語を介してやりとりができる鳥を通して深められることはまだまだあります。思考、ということについて、ヨウムやほかの鳥たちの研究を通して、この先も興味深い結果が提出される可能性は十分にあります。

2　野生の鳥が感情豊かに見えない理由

内に秘めた複雑な感情

動物は本来、感情を隠すことができず、表情や態度に自然に出てしまいがちです。しかし、捕食される側の野生動物の場合、弱さや油断を見せると敵に狙われる可能性が高まることから、隠せるものは隠そうとします。怪我や体調不良はもとより、体調からくる不安も、見せないようにします。もともと、生きることで精いっぱいの野生の環境では、喜怒哀楽などの感情はゆっくり浸るものではなく、瞬時に通り過ぎるものでもあります。

鳥も、捕食される側の生き物ですから、哺乳類などの例と同様、隠せるものは隠そうとする傾向があります。もちろん、野生の鳥には喜んだり怒ったりする余裕はあまりありません。とにかく生きていくことだけで精いっぱいで、感情に振り回されている余裕はないのです。

また、鳥には表情筋が少ないため、仲間に意思や感情を伝える必要があるときは、声や全身表現とあわせて伝えようとします。飛行中は、まわりに注意を払いつつ飛行することに集中しているため、感情を表現する余裕は基本的にありません。仮にそれができたとしても、たがいに読み取る余裕もありません。飛行する鳥は速すぎて、人間が表情などを見きわめるのは困難でした。

とりわけ小鳥類は、もともと体が小さく臆病な生き物ですから、その多くは、わざわざ人間やほかの動物のそばに近寄ろうとは思いません。じっくり姿を見せようとも思いません。安全な高い枝に止まっているときや地上でつくろいでいるときだけ、鳥は少しだけ緊張感を解き、穏やかな表情を見せます。さえずる鳥の多くも、高い場所に留まって声を張り上げます。

こうした理由から、鳥には感情がない、心がない、思考がないと思われ続けてきたわけです。

ひとつ、誤解を解いておきたいのですが、さえずっている鳥を見たり、声を聞いたりした人が、「『楽しそう』にうたっている」と感想を口にすることがあります。しかし、それは人間の思い込みで、さえずっている鳥の心に「楽しい」という感情はおそらくありません。

鳥のさえずりは伴侶を得るためか、ナワバリの主張のためのもの。とにかく声を出し続けることに必死で、楽しむ余裕などないからです。多くの鳥は、人間のように歌うことを楽しんだり、自分の歌声に酔うことは基本的にしないと考えてください。

しかし、だからといって、鳥に感情や思考がないかといえばそんなことはなく、「条件」さえ整えば、豊かな感情や、さまざまなことに心を揺り動かされる様子を見せてくれます。

食べるものに困らない。捕食者につかまる心配がない。安心して眠れる場所がある。守ってくれるなど、安心できる存在がいる。こうした条件がそろえば、驚くほど豊かな感情表現（情動）を見せるようになります。

身近な場所では、家庭という空間が、そうした条件のすべてを提供するほか、鳥を大事にしている研究室でも、同様の条件を満たすことがあります。いずれにしても、鳥が余すことなく感情を見せるようになるのは、心がリラックスできる状況になった場合にかぎられます。

これも鳥の「素顔」のひとつ

雛や若鳥のときから人間に育てられた鳥の多くは、人間に対する警戒心が弱くなって、よく知っている相手の前では、特にくつろいだ態度も見せるようになります。怒りや喜びなどの感情も、表情や態度にストレートに現れるようになります。

踊ってみせたり、無邪気にはしゃぎまわったり、人間の子供が遊んでいるような姿を披露する鳥は、ときに、野生で暮らす同種とは「完全に別の生き物」にも見えます。

こうした鳥の姿を見る機会があるのは基本的に飼育経験者だけで、鳥と関わりがなかったり、関係が薄い人が目にすることはほとんどありませんでした。鳥類や野生動物の専門家でも、自身が鳥を飼育しているうちの、さらにごく一部だけがこの変化を見ているように思います。

そのため多くの研究者が、野で見るものとは別の顔が鳥にあることを知りません。それどころか、飼育下で著しく変化した鳥を見て、「鳥本来の姿を歪めた」と怒り出すことさえあります。

しかし、野生では見られない、感情もあらわな鳥の姿は、「矯正」や「歪み」などではなく、言うなれば、ともに暮らす人間が、鳥に偏見をもつことなく、十分な愛情を注いだ結果、受け止めたその鳥の精神に起きた変化といっていいものです。

生きることで精いっぱいの野生では、生きることに直接関係ないさまざまなスイッチはある意味オフになっています。ただ飼われているだけの鳥も同様です。それが、条件がそろったことでオンになったと考えるべきかと思います。変化して見えた鳥の姿もまた、その鳥がもともともっていた資質の、隠れていた部分が見えるようになったと考えた方がスムーズです。

野良猫と飼い猫がちがうように、野生で見せる顔は、鳥のひとつの顔であって、それが鳥のすべてではないと考えると、いろいろ納得のいく答えが見えてくるのではないでしょうか。

そこで大事なのが、「飼う」のではなく、「ともに暮らす」ような意識のもと、幼い時期から同じ空間でいっしょに生活し、部屋の中という狭い空間ではあっても自由に飛ばせ、見たいものを見て、遊びたいもので遊ばせるようにすることです。子供と同じで、自分で考える環境を与え、のびのびと生活させると、鳥は確かに脳の中にあるいくつかのスイッチをオンにします。その結果、野生では見られないような顔を見せるようになります。

カラスは野生でいながら、先に挙げた「条件」を自分自身で満たすことができます。その結果として、遊び行動などが表に出てきているわけです。またそこから、彼らがもつ豊かな感情や思考も見えてきます。人間が環境を整えることで、多くの鳥がカラスのような自由な姿を見せる可能性があります。そこから見えてくる真理もあるように感じています。

3　安全な環境で見せる鳥の豊かな感情

鳥の喜怒哀楽

鳥に感情があることを信じない人は、いまだにたくさんいます。イヌやネコと長く暮らし、彼らの心に感情が存在することを確信している人でさえ、特別なのは哺乳類だけで、鳥には複雑な感情などないと考える人が少なくありません。

幼鳥の頃から人間のもとで暮らし、日常的に感情を表現しているインコやオウムと、イヌやネコとを比べた場合、たとえば「うれしさ」を感じたとき、態度に現れる感情の強さは、概ね、

インコ（オウム）≧　イヌ　＞　ネコ

となります。飼い主の態度や持ち物などを見て、うれしいことが起こりそうな予感を感じたときの反応もだいたい、

インコ（オウム）・イヌ　＞　ネコ

のようになります。

発達した脳が影響しているためか、インコやオウムは、ほかの鳥に比べて感情をよりストレー

トに出してきます。わかりやすい行動や反応もとても多いため、家庭で暮らすインコやオウムの感情表現を例に、鳥がもつ喜怒哀楽について解説してみます。

なお、動物の心について解説する書籍では「感情」ではなく「情動」という表現がよく使われていますが、本書では感情のまま、解説を続けます。

◆【怒り】【嫌悪】【苛立ち】

怒りや嫌悪は、恐れなどとならんで、もっとも古い感情のひとつであり、思考とは無関係に心に浮かんできます。

野の鳥がもっとも怒りをあらわにするのは、ナワバリを侵されたときや、つがいとなる異性の奪い合いのときで、自分の血を残すために必死であることに加えて、性ホルモンの分泌により、ふだんよりもずっと攻撃的になります。飼育されている鳥でも、繁殖期の前半は気が荒くなることが多く、口を開けて舌を見せる、怒りや威嚇の表情がよく見られます（次頁参照）。ふだんはおだやかに接している人間や仲間に対しても、攻撃的になることが多々あります。

また、鳥にも意思があり、やりたいこと、してほしくないことがあります。やりたいことを邪魔されたり、してほしくないことをされたり、したくないことを強制されると、当然ながら苛立ち、苛立ちがエスカレートすると、強い怒りに変わります。鳥にはもともと、感情を抑えようという気はないため、腹立ちを感じた瞬間に叫び声を上げ、くちばしをつかった「攻撃」が行われ

図1　オウムの表情変化

リラックス

怒っている

気持ちいい・快楽にひたる

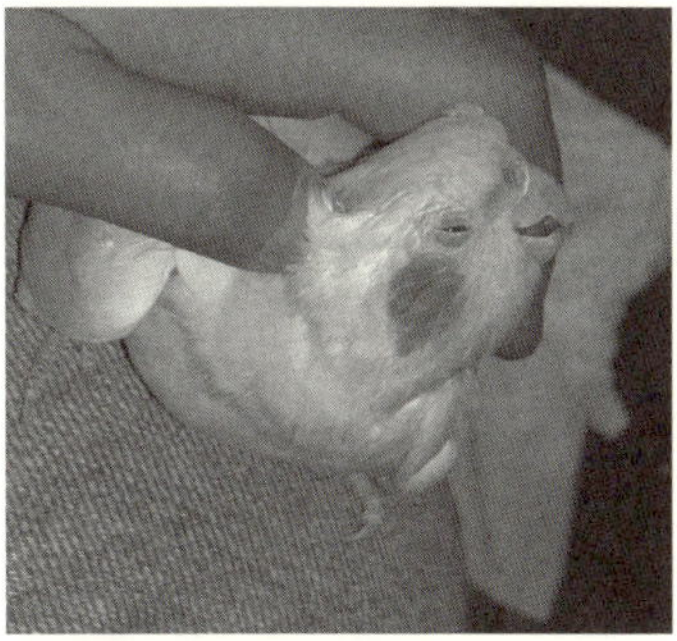

びっくりしてのけぞる

威嚇する（実は、怖い）

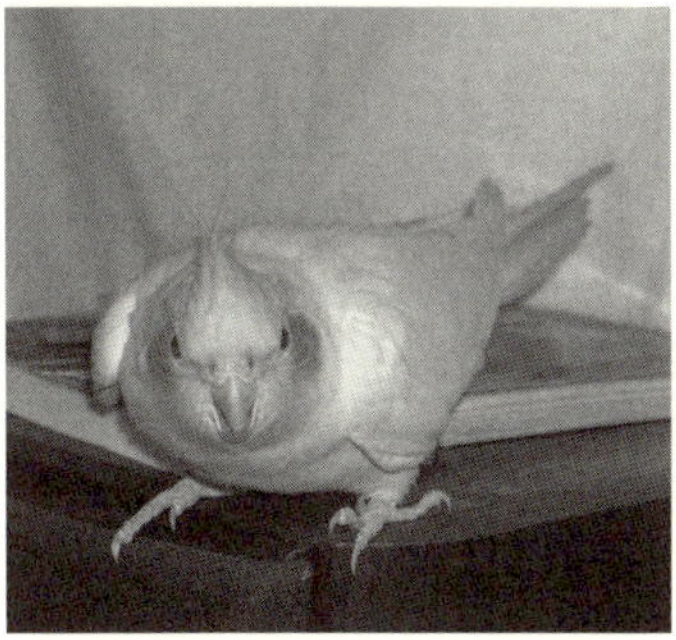

写真は最小のオウムであるオカメインコ。鳥にはあまり表情がないという一般の声を一蹴するかのように、状況ごとにさまざまな顔を見せます。またその際は、全身の表現や動き、声も伴います。心地よさに浸っているときの表情は、温泉に浸かっているニホンザルの表情にも似ていて、「極楽」というつぶやきが聞こえてくるようなイメージです。威嚇するとき、姿勢は低くなります。驚くと、もともと丸い目が大きく広がって、さらに丸く見えます。

ます。ただし、理性が働く鳥であれば、その際も相手によってはちゃんと心のブレーキが効き、「手加減」をして、相手を傷つけないレベルの攻撃に留める様子も見られます。

感じ方のちがいなどから、その鳥なりに好きな相手と嫌いな相手（鳥、人間）もできてきて、嫌いな相手がちょっかいをかけてきたときは、嫌悪や怒りをあらわにして威嚇します。

◆【喜び】【悦び】

好きな食べ物がもらえること、大好きな人に遊んでもらえること、大好きな人が外出から帰ってきたことさえも、その人が好きなインコやオウムにとっては大きな喜びです。声と表情と全身を使ってその感情を表現します。それが喜びであることは、鳥を知らない人にもよくわかります。

◆【恐怖】【不安】

恐怖や不安もまた古い感情であり、危機的な状況の回避と密接に関係するものでした。インコなどの群れをつくる鳥の場合、見えるところに仲間がいないと不安を感じ、放置すると、その不安はストレスになります。不安は死の恐怖（襲われて殺される予感）と表裏一体であることから、不安が解消できるなら、とにかくだれでもいいからそばにいてほしいと願う気持ちが生まれ、それが人間に対する依存心へと育っていくケースもあります。分離不安で吠え続けるイヌがときどき問題になりますが、依存するほど馴れたがゆえに、同様に分離不安から飼い主が行く先々についてまわったり、その姿が見えないだけで絶叫するインコやオウムも少なくありません。

◆［哀悼］［悲しみ?］

鳥に悲しいという感情があるかどうかは議論が分かれるところですが、カラスでは哀悼するように死んだ仲間をしばらく見守ってから、その場から飛び去る様子がよく観察されています。

一度つがいになったら一生同じ相手と添い遂げる一夫一婦のインコの場合、つがいの相手が死んでしまったあと、その事実を受け入れるのが辛いのか、ケージの隅でぼんやりするなど鬱的な症状を見せるケースがあります。最悪の場合、食も細くなり、しばらくして後を追うように亡くなるようなことも実際に起こっています。餌を食べなくなって死んでいくケースは、喪失状態がストレスとなって心と体を蝕むためと、鳥が専門の獣医師は考えているようです。

不公平感から生じる怒り、羨望、八つ当たり

インコやオウム、ブンチョウなどもそうですが、彼らと暮らしていると、鳥もまた自分と他人の境界がはっきりしていて、他者と自分を比較する心をもっていることがわかります。

家庭に暮らす鳥が気にするのは、だれかが自分よりも「いい目」にあっていないかどうか。たとえば、撫でられている時間が自分よりも長くないか、自分よりよい食べ物を与えられていない

かどうかなどを気にします。そこには、自身の不利益は許さないという意思が見え隠れします。まわりを確認して、自分と同じかそれ以下なら安心しますが、逆にだれかが自分よりも優遇されていると感じると、その鳥の心に不満や嫉妬心が沸き上がり、攻撃衝動が生まれます。

攻撃は当然、その相手に向きますが、それができない状況にあるときは、人間やものに当たったり、まったく無関係の第三者に当たることもあります。それは、文字どおりの八つ当たりです。

大好きなものがもらえると期待していたにもかかわらず、その望みが叶わなかったときなど、行き場のない腹立ちを感じて、うさを晴らすように、だれかに当たることもあります。

未来の予測から生まれる期待や不安

日々の暮らしのなか、経験をもとに、鳥も少し先の未来を予想するようになります。外から聞こえるチャイムなど、ある音が鳴る時間になるとケージの扉が開いて遊んでもらえるとか、ある袋が見えると、その中にある美味しいものがもらえるなど、経験から「これから起こること」を予測するようになります。こうしたプラスの未来予測は「期待感」を胸に呼びます。

よい予想が浮かんだときは、うれしさを感じてワクワクする様子が観察されますが、悪い予想が浮かんだときは、不安から機嫌が悪くなるほか、怒りを感じることもあります。一方、期待したにもかかわらず、それが満たされなかったとき、鳥もまた失望を感じているようです。

移動用のキャリーが用意されるのを見た鳥が、「病院→診察や注射」などの医療行為を想像して、全身が緊張する様子や、とまり木の上でふるえ出す姿が確認されることもあります。

擬人化ではなく、ごく自然に見られること

ここまで挙げた事例は、すべて家庭や研究室レベルで確認、検証できることです。

こうした話を書くと、「擬人化しすぎ」という指摘を受けることもありますが、インコの例として挙げたような鳥が見せる感情表現、反応はすべて事実であり、機会があれば、どなたでも自身の目で確認することができます。受け止め、予想し、考える。それによって新たに生まれる感情もある。鳥は、そういう生き物でもあります。

4 鳥も共感する能力をもつ？

「あくび」という証拠

あくびがうつった経験をもつ人も多いはずです。

なぜうつるのか、その理由は完全には解明されていませんが、他人の心に寄り添うことができる「共感力」の高い人ほどうつりやすいという報告があり、男性と女性では女性の方がうつりやすい傾向があることもわかっています。また、人によっては「あくび」という文字を見ただけであくびをしてしまうケースがあることも報告されています。

「あくびは共感によってうつる」という「共感説」が、現在もっとも有力な学説です。

あくびが移るのは人間だけにかぎられず、進化上近い種であるチンパンジーなどの霊長類でもうつります。人間から飼っているイヌにもうつります。さらに二〇一五年には、セキセイインコのあいだでもあくびがうつることが確認されました。哺乳類以外では、初めてのことです。

共感説が確かであるのなら、セキセイインコも人間のように関心のある相手、好きな相手の心を感じ、その心に寄り添うことができるという可能性の指摘は、インコに関わったことがある人にはけっして突飛な話ではなく、それどころか逆に、やはりそうだったのかと思えることでもありました。

セキセイインコのオスが人間の言葉をおぼえるのは、つがいになった相手の声を聞いて、その声そっくりに自分の声を修正して鳴き交わすという、もともとの習性に由来していたことが、最近になってわかってきました。おたがいが同じ長さ、同じ周波数の声で鳴くことで、気持ちが深く同調し、それによって一生続く夫婦の絆が強められていくのなら、そこに深い「共感」が存在するのも十分に納得できることです。

終章　鳥の本質を認めることで、世界は広がるはず

1　鳥は文明を望まない

鳥の方向、人間の方向

二足で歩き、道具を使うようになったころの人類は、遠い未来に生きる子孫が、今のこのような暮らしをするようになるなど、夢にも思わなかったことでしょう。

人間の歴史を振り返って思うのは、それでも文化的な暮らしを始めたときから、今のような生活になる方向に時代が進んでいくことは決まっていたのではないか、ということです。

もっと楽に、もっと便利に。そう願うのが人間でした。そして、願ったことは叶えたいと思うのも人間です。人間は、そんな精神的な資質をもった生き物でした。

実は、「楽をしたい」というのは、多くの生物の心の底にある願いです。最短の時間でその日を生き抜くのに必要な食料を手に入れられることは、大きなエネルギーの節約につながります。

食べ物を探すあいだもエネルギーは消費されていくので、その時間が短ければ短いほど、一日に必要な食料の量も減らすことができるわけです。それができたなら、あとは敵に見つからない場所でくつろぎ、体を休めることができます。動物は誕生以来、そうやって生きてきました。

鳥を含む人間以外の動物は、ほどほどで満足しました。でも、人間は満足せず、さらに楽や便利の先を求めた。今の私たちがあるのは、そういうことなのでしょう。人間の特質、人間だけがもつ資質が、そこにかいま見えます。

カラスは、観察し、思考して、模倣できる高度な頭脳をもった生き物です。野生で道具を自作するカレドニアガラスの例は、原始に生きた人間の姿とも重なります。それは、一般的な動物の例を大きく外れるものですが、それでも、この先さらにその知性を伸ばすことができたとしても、カラスが人間的な文明をもつことはないでしょう。くちばしと足を使って、手や指に匹敵する作業ができたとしても。いつか人間が地上から消え去ったとしても。

人間のような方向に行きたいと願う意思は、彼らの心の中にはないからです。

だいたい、科学文明をもつことが生物として高い領域に到達したことを意味するというのも、人間の思い込みにすぎません。この数千年間の人類の種としての進化は本当に微々たるもので、個々の人間の能力にしても、それが大きく飛躍したわけではありません。

変わったのは環境と社会であり、平均的な一個人の生物としての力は、今も原始の時代に生きていた人間も、そう変わりません。

鳥や動物とからみあってきた人間の歴史

不足しがちな食料をなんとか確保し、怯えながら浅い眠りを取っていた、人間が動物的に暮らしていた時代。人間の生活は、捕食される側にいるほかの動物とあまり変わりませんでした。「人間は食べられることで進化した」という主張があるほど、弱い生き物だったわけです。だからこそ、足りない爪や牙のかわりになるものを求めて、必死で武器をつくり、罠や逃げ道を考えて、頭脳をふりしぼりました。そうしてできた武器が、のちに他人を支配するために使われるようになり、武器の進歩が科学の発展を促したのもよく知られたことです。

神話が語り継がれていたはるかな古代、高いところから見下ろす大型の鳥に、人間は自然に畏《おそ》れや敬いを感じていました。堅い表情と鋭い視線には、神秘さえも感じました。「飛べる」ということは大きなアドバンテージで、飛ぶことはおろか速く走ることさえできない人間の目に、鳥は自由と気高さの象徴であり、憧れの存在として映りました。

東西のあらゆる人間社会で、翼をもつ鳥への憧れは何千年も続きました。それが力になったからこそ、飛行機が開発され、パラグライダーなどで飛行することもできるようになったわけです。

歌人、山上憶良《やまのうえのおくら》は『万葉集』(七世紀後半〜八世紀後半に編纂)の中に、

「世の中は　憂しとやさしと思へども　飛び立ちかねつ　鳥にしあらねば」

という歌を残しました。

生きる苦しみから逃がれたいが、翼もないので鳥のように飛んで逃げることができない（＝空を飛べる鳥であったら、この苦しみから逃れられたのに）、という意味です。

この憶良の歌に、数千年間の人々の思いが集約されているように感じます。

その後、産業革命以降に人間は多くの科学の恩恵を手に入れて、完全に地球の支配者になりました。そして、人類の強さや賢さを自認するにつれて、捕食の対象になるような弱い動物を、弱者と見下す傾向が強まっていきました。

ほんの少し前まではあこがれの存在だった鳥に対する目も変わります。自身と同じ哺乳類ではないということもあり、鳥に対して、その傾向が特に強くでたようにも思います。

力を得て、一代で王や支配者になると、まわりにいる者を低く見るようになって、「自分は偉い」と思ってしまうのが人間です。動物との関係において、今それが強まっている時期であるようにも感じています。

財力さえあれば一人ひとりが王様のように振る舞うことも可能になった近現代、人間は高位の生き物であり、鳥には心や感情や知性などないという、古い時代とは真逆ともいえる認識が、個々のあいだでも強まってしまった感があります。

進んだ科学が人の心を変え、半端な知識が動物に対する意識を変化させて、動物を蔑視する傾向を強めたとしたら、より進んだ科学には、まちがった方向を正す義務があります。

ここまで挙げてきたように、鳥と人間には多くの共通点があります。共通点がある理由についても、科学的な解明が進んでいます。それがしっかり人々に伝わり、正しい理解が広まることでやっと、鳥という生き物と新しい関係を築ける時代に入っていけるように思います。また、それによって、不幸な状況に陥る鳥を減らしていけるのではないかと思っています。さらには、こうした理解を通して、鳥にかぎらず、あらゆる動物に対する関係が進んでいくと信じています。

イヌへの感謝も忘れない

人間とイヌが相互に干渉し合いながら進化してきたのは周知の事実です。たとえばイヌの嗅覚は、人間をしっかりかぎ分けられるように、人間から出る匂い物質に敏感になるように進化しました。

人間は、イヌとの共同生活の質を向上させるために、イヌの気持ちを察して、そこに寄り添えるように、動物への共感能力を上げました。その能力が、のちのペット飼育、ペットブームの土台にもなっているとしたら、鳥を飼う人間が鳥とのあいだで深く感じる「共感」の基礎もまた、イヌがつくってくれたことになります。

ふだんは見逃されがちなことではありますが、これは忘れずにおきたいことでもあります。

2　鳥の復権を願って

鳥の眠りと、人間やほかの哺乳類の眠りは大きく異なります。

たとえば人間にはまとまった睡眠時間が必要ですが、鳥は数分単位の細かい眠りを足し合わせて一定の長さにするだけで一日に必要とする睡眠時間を確保することができます。こうした性質から、鳥は「微睡動物《びすいどうぶつ》」と呼ばれることもあります。

それでも、鳥も夢を見ます。鳥の眠りには、哺乳類と同じようにレム睡眠とノンレム睡眠があって、眠っている時間に脳が記憶の整理も行っているようです。異なる脳でありながら、同じようなことが可能なことに、あらためて驚かされます。これも、ともに高度に発達した脳をもつがゆえです。

イヌやネコがもごもご寝言をいうという報告もときおり耳にしますが、オウムやインコなどの人間の言葉を話せる鳥の場合、おぼえている人間の言葉で寝言をいったりすることがあります。

夢は、経験がもとになっています。見たことも聞いたことも想像もしたことがないものは、夢には出ません。たとえば見たことがない物体や、本当に未知の生物の夢を見ることは、人間もイヌやネコも鳥もありません。夢に見るのは、家の中にあるものや、ともに暮らす生き物であり、経験した出来事がベースになったものです。それゆえ、動物と暮らす人間の夢にインコやオウムやイヌやネコが出てくることがあるように、人間と暮らす鳥たちの夢にも人間が登場している可能性は高いと推察されています。

人間と鳥には、こんなところにも似ている点があります。この先も、まだまだ多くの共通点が指摘されることでしょう。

科学的に証明されたたくさんの事実を前にして、それでも鳥の脳に高い能力があることを信じないと突き放すのは理性的とはいえない行為です。変化は急には進まないとは思いますが、偏見が少しずつなくなっていって、鳥への理解が深まることを強く願います。

ヨウムのアレックスが示してくれたように、とてもありがたいことに、人間どうしがしているのと極めて近い方法で、鳥とコミュニケーションを取ることが可能です。鳥のことをよく知って、あとは偏見さえ減れば、鳥との深いコミュニケーションは広がると考えています。また、そこから見えてくるもの、得られるものは、とても多いはずです。

人間は古くから、地球以外の知性との出会いを想像してきましたが、遠い遠い未来に、もしもそんなことがあったとしたら、異なる脳をもった知性体である鳥とのコミュニケーションや相互理解を通して学べたことは、そうした場でも大きく役立つにちがいありません。

3　人間とはなにか

哺乳類の一員である人間は、長い進化の歴史のなかで、遠い祖先から枝分かれして生まれてきた生物の一種です。鳥類であるカラスやインコも、数億年の隔たりはあるものの、同じ祖先から生まれた種で、その脳にも心にも内臓にも共通する部分があります。ＤＮＡには共有する遺伝子があり、脳を含めた体内で、同じ物質が同じように作用しています。

人間の精神には確かに特別な部分、特別な資質がありますが、人間は生物として、けっして特別な存在ではありません。カラスやインコなどの鳥も、それぞれに特別な部分、資質があります。もちろん彼らも、特別な存在ではありません。ともに、地球に生まれたひとつの生き物です。

それゆえ、鳥がもつ特別な部分と、人間と共通する部分、人間と大きくちがっている部分について、さらに理解を深めていくことで、より深く人間を理解することもできるはずです。

そういった意味で、「人間とはなにか」といった問いの解答にいたる鍵の一本を、彼らがもっているのはまちがいありません。またそれは、チンパンジーなどの近い霊長類がもつ鍵とは別のものであり、この二つの鍵を合わせることで、問いの深淵に至る重い扉を開けることが可能になるのではないかと考えています。

あとがきにかえて

プロフィールにも載せているように、科学と歴史を二軸にして、書籍や雑誌記事を執筆したり、学術論文を書かせてもらったりしています。

科学は、先端科学から科学史までの科学全般。そして、大きなテーマである「鳥」については、生態や行動、体組織や進化に関わるあらゆる領域、さらには脳科学から心理学方面にも足をのばしてきました。そうしないと、「鳥」という生物への理解をしっかり進めることができなかったためです。

歴史は、江戸の動物文化を中心に、人間と鳥の関係の歴史を追っています。なかでも、日本人と飼い鳥の関係がメインテーマです。こちらは歴史学というより、民俗学に近い感じでしょうか。

もちろん、歴史時代以前のヒトと鳥との関わりなど、より古い時代にも目を向けます。

石器時代から、日本で縄文・弥生と呼ばれる時期に生きた人々の暮らしと鳥との関わり、彼らがもっていた鳥観を研究するのは考古学であり、そのなかでも「認知考古学」と呼ばれる比較的新しい分野です。

目を向ける領域が広すぎて、ときにたいへんな思いもしますが、それを苦痛に感じたことはありません。おもしろさが何十倍も勝っています。

気がつけば、研究という目をもって鳥と関わりはじめて今年で二〇年になります。動物文化に関する研究書として、自身初となる『大江戸飼い鳥草紙』を吉川弘文館から上梓させていただいたのが二〇〇六年ですから、そこから数えても今年は十年目という節目の年でした。

そんな年に、鳥の進化から心理、行動にまで踏み込んだこうした本を書かせていただけたことを、とてもうれしく思います。本書のサブタイトルにもある「なぜ鳥と人間は似ているのか」という問いは、自分自身、生涯にわたる大きな研究テーマでもあります。

本書は、この二〇年のひとつの集大成となってくれたように思います。

鳥が幸福であることを、いまよりも幸福になることをずっと願っています。

野鳥や、その住環境を守るということについては、関心をもつ人も多く、保護のために活動する団体もあります。法律によっても守られています。しかし、飼育されている鳥の生活の質（QOL）は、長いあいだ低いままでした。

いちばんの理由は、鳥がどんな生き物なのか、生理も心理もわかっていなかったためです。徹底的に理解と情報が不足していました。

そこには、本書でも繰り返し指摘してきたように、誤解と偏見から、鳥が本来の姿よりもずっと低く見られていたという背景事情もありました。それをなんとか改善したいという思いが強くあり、これまでの執筆活動にもつながってきたわけです。

科学系の物書きであり、ノンフィクションを書く作家としてできることは、鳥に対する情報を自分自身で可能なかぎり把握したうえで、一般向けに書籍化したり、雑誌で紹介することです。

本書にもそうした思いが込められていますが、今回は特に、鳥が鳥になるまでにたどった進化についても、しっかり書き切ろうという思いがありました。

しかし、羽毛恐竜や鳥とも関連する特徴をもった恐竜化石についての論文を読んでいると、どう考えたらいいのか迷う点や、新たな疑問もたくさん浮かび上がってきました。

どうしても専門家の意見が必要になって、国立科学博物館の真鍋真先生に連絡を取ったところ、快くインタビューに応じてくださり、忙しい時間を割いて、不明だった点や、持っていた疑問について、丁寧に答えて下さいました。本書をしっかりとしたかたちにまとめあげることができたのは、真鍋先生のおかげでもあります。本当に、深い感謝をお伝えしたく思います。

ページ内の文字量を増やし、予定していた枚数を大幅にオーバーしてなお、書き切れないことがまだまだありました。書いたものの、どうしても入りきれずに書籍から削除した項目もあります。構成的に、どうしても入れられない項目もありました。

安全安心な環境に置かれて開花する、鳥の個性の話などもそうです。

たとえば、怖いものを目にしたとき。一目散に逃げる鳥が多いなか、少し離れた柱の陰に隠れながら、対象を観察する鳥がいます。それは、逃げるのは簡単だけれど、正体がわからないと安心できないという心理です。安全地帯である人間の肩に逃れつつ、人間がその正体を教えてくれるのを待つ鳥もいます。

安全安心な環境で暮らすようになった鳥は、発想も判断もより自由になり、好奇心も表面に出やすくなって、それぞれがもつ個性が強調されるようになってきます。同じ状況にあっても、鳥ごとにちがう判断をしたり、ちがう行動、態度が見られるようになります。

野生ではみな同じように無個性に見えますが、同じ人間が存在しないように、実は、すべての鳥はちがっています。それが高度な脳をもつ、ということのもうひとつの意味でもあります。

イヌやネコがそうであるように、明確な個性をもった生き物であるということを実感として得られるようになると、鳥の尊厳を守ろうという気持ちをもつ人も増えてきてくれるのではないかと考えています。そんな期待をもちつつ、今後も、鳥の理解を深めてもらえるような本を書き続けていきたいと思っています。

二〇一六年　晩秋　　細川博昭

参考文献

■全体をとおして参考にした文献

マイケル・S・ガザニガ『人間らしさとはなにか？——人間のユニークさを明かす科学の最前線』柴田裕之訳、インターシフト、2010年

ソーア・ハンソン『羽——進化が生みだした自然の奇跡』黒沢令子訳、白揚社、2013年

コリン・タッジ『鳥——優美と神秘、鳥類の多様な形態と習性』黒沢令子訳、シーエムシー出版、2012年

M・ブライト『鳥の生活』丸武志訳、平凡社、1997年

セオドア・ゼノフォン・バーバー『もの思う鳥たち——鳥類の知られざる人間性』笠原敏雄訳、日本教文社、2008年

フランク・B・ギル『鳥類学』山岸哲監修、山階鳥類研究所訳、新樹社、2009年

川上和人『鳥類学者無謀にも恐竜を語る』技術評論社、2013年

小林快次監修／土屋健執筆『そして恐竜は鳥になった——最新研究で迫る進化の謎』誠文堂新光社、2013年

藤田和生『動物たちのゆたかな心』京都大学学術出版会、2007年

松沢哲郎編『人間とは何か——チンパンジー研究から見えてきたこと』岩波書店、2010年

細川博昭『鳥の脳力を探る——道具を自作し持ち歩くカラス、シャガールとゴッホを見分けるハト』ソフトバンク・クリエイティブ、2008年

細川博昭『インコの謎——言語学習能力、フルカラーの視覚、二足歩行、種属を超えた人間との類似点が多いわけ』誠文堂新光社、2015年

細川博昭『インコのひみつ』（イースト新書Q）、イースト・プレス、2016年

真鍋真監修『恐竜博2016　図録』国立科学博物館／朝日新聞社、2016年

■第１章　恐竜が二足歩行だったから、鳥も二本足で歩く

『我孫子市鳥の博物館ガイドブック１』我孫子市鳥の博物館、1994年

ピーター・D・ウォード『恐竜はなぜ鳥に進化したのか——絶滅も進化も酸素濃度が決めた』垂水雄二訳、文藝春秋、2008年

R・M・アレクサンダー『恐竜の力学』坂本憲一訳、地人書館、1991年

冨田幸光監修・執筆『小学館の図鑑NEO　恐竜［新版］』小学館、2014年

Fucheng Zhang, Stuart L. Kearns, Patrick J. Orr, Michael J. Benton, Zhonghe Zhou Diane Johnson, Xing Xu1 and Xiaolin Wang1. 2010. Fossilized melanosomes and the colour of Cretaceous dinosaurs and birds. *Nature* 463: 1075-1078.

Xing Xu, Kebai Wang, Ke Zhang, Qingyu Ma, Lida Xing, Corwin Sullivan, Dongyu Hu, Shuqing Cheng and Shuo Wang. 2012. A gigantic feathered dinosaur from the Lower Cretaceous of China. *Nature* 484: 92-95.

■第２章　小さく軽くなって、「恐竜」は「鳥」になった

日本動物学会関東支部編『恐竜の動物学——恐竜学の近代化へ向けて』地人書館、1996年

日本鳥学会編集『日本鳥類目録［改訂第７版］』日本鳥学会、2012年

Jenkins, F. A., K. P. Dial, and G. E. Goslow. 1988. A cineradiographicanalysis ob bird

flight: The wishborn instarlings is a spring. *Science* 241: 1495-1498.

■第３章　飛ぶために進化した体

Ｃ・Ｍ・ペリンズ、Ａ・Ｌ・Ａ・ミドルトン編／黒田長久監修『動物大百科　第７巻　鳥類Ｉ』平凡社、1986年
川上和人、真鍋真『骨と筋肉大図鑑　３　鳥類』学研教育出版、2012年
『羽毛を持った恐竜――鳥類の起源と進化を探る』我孫子市鳥の博物館、1994年
小嶋篤史『コンパニオンバードの病気百科――飼い鳥の飼育者と鳥の医療に関わる総ての方々に薦める「鳥の医学書」』誠文堂新光社、2010年
真鍋真監修『21世紀こども百科　恐竜館』小学館、2007年
本川達雄『ゾウの時間ネズミの時間――サイズの生物学』（中公新書）、中央公論新社、1992年
上田恵介監修／柚木修執筆『小学館の図鑑 NEO　鳥［新版］』小学館、2015年
特集「毛や羽の色の遺伝学」、『生物の科学　遺伝』2008年11月号、エヌ・ティー・エス
渡辺茂「鳥類における空間記憶と海馬」『心理学研究』71号、144-156頁、2000年
平沢達矢（2011）「鳥類に至る系統における胸郭の形成進化：機能形態学と発生生物学からのアプローチ」
http://www.cdb.riken.jp/emo/old-japanese/pubj/pdf/Hirasawa_10.pdf
構造色研究会　http://www.syoshi-lab.sakura.ne.jp/

■第４章　鳥の五感、鳥が感じる世界

日本比較生理生化学会編『見える光，見えない光――動物と光のかかわり』共立出版、2009年
岩堀修明『図解・感覚器の進化――原始動物からヒトへ水中から陸上へ』（ブルーバックス）、講談社、2011年
ティム・バークヘッド『鳥たちの驚異的な感覚世界』沼尻由起子訳、河出書房新社、2013年
藤田祐樹『ハトはなぜ首を振って歩くのか』（岩波科学ライブラリー）、岩波書店、2015年
William. O. Reece 編／鈴木勝士監修『明解　哺乳類と鳥類の生理学［第四版］』学窓社、2011年
伊東乾『なぜ猫は鏡を見ないか？――音楽と心の進化誌』（NHK ブックス）、NHK 出版、2013年
中村明一『倍音――音・ことば・身体の文化誌』春秋社、2010年
島田瑠里／樋口広芳監修『歌う鳥、さえずるピアノ』草思社、1997年
杉田昭栄「鳥類の視覚受容機構」『バイオメカニズム学会誌』Vol 31、No. 3、2007年

■第５章　子孫を残すためのコミュニケーション

日本比較生理生化学会編『動物は何を考えているのか？――学習と記憶の比較生物学』共立出版、2009年
小西正一『小鳥はなぜ歌うのか』（岩波新書）、岩波書店、1994年
岡ノ谷一夫『小鳥の歌からヒトの言葉へ』（岩波科学ライブラリー）、岩波書店、2003年
岡ノ谷一夫『言葉はなぜ生まれたのか』文藝春秋、2010年
スティーヴン・ミズン『歌うネアンデルタール――音楽と言語から見るヒトの進化』熊谷淳子訳、早川書房、2006年

渡辺茂『認知の起源をさぐる』（岩波科学ライブラリー）、岩波書店、1995年
ジャック・ヴォークレール『動物のこころを探る――かれらはどのように〈考える〉か』鈴木光太郎・小林哲生訳、新曜社、1999年
Julia A. Clarke, Sankar Chatterjee, Zhiheng Li, Tobias Riede, Federico Agnolin, Franz Goller, Marcelo P. Isasi, Daniel R. Martinioni, Francisco J. Mussel & Fernando E. Novas. 2016. Fossil evidence of the avian vocal organ from the Mesozoic. *Nature* 538, 502-505.

■第６章　鳥の価値観、判断能力と「美学」

チャールズ・ダーウィン『人間の由来』（上・下）（講談社学術文庫）、長谷川眞理子訳、講談社、2016年
渡辺茂『美の起源――アートの行動生理学』共立出版、2016年
渡辺茂、藤田和生ほか『心の多様性――脳は世界をいかに捉えているか』東京大学出版会、2014年
マリアン・S・ドーキンズ『動物たちの心の世界』長野敬ほか訳、青土社、1995年
ダーウィン・オンライン　http://darwin-online.org.uk/

■第７章　発達した脳と、想像を超える知性

渡辺茂・岡市広成編『比較海馬学』ナカニシヤ出版、2008年
アイリーン・ペッパーバーグ『アレックス・スタディ――オウムは人間の言葉を理解するか』渡辺茂ほか訳、共立出版、2003年
アイリーン・M・ペパーバーグ『アレックスと私』佐柳信男訳、幻冬舎、2010年
樋口広芳『鳥ってすごい！』（ヤマケイ新書）、山と渓谷社、2016年
渡辺茂『ハトがわかればヒトがみえる――比較認知科学への招待』共立出版、1997年
渡辺茂『ヒト型脳とハト型脳』（文春新書）、文藝春秋、2001年
渡辺茂『鳥脳力――小さな頭に秘められた驚異の能力』（DOJIN 選書）、化学同人、2010年
岡ノ谷一夫『つながりの進化生物学――はじまりは、歌だった』朝日出版社、2013年
ノア・ストリッカー『鳥の不思議な生活――ハチドリのジェットエンジン、ニワトリの三角関係、全米記憶力チャンピオン vs ホシガラス』片岡夏実訳、築地書館、2016年
ジョン・マーズラフ、トニー・エンジェル『世界一賢い鳥、カラスの科学』東郷えりか訳、河出書房新社、2013年
杉田昭栄『カラス――おもしろ生態とかしこい防ぎ方』農山漁村文化協会、2004年
柴田佳秀『カラスの常識』（寺子屋新書）、子どもの未来社、2007年
藤木完治ほか、東京教育情報センター編『新しく脳を科学する――動物・鳥・魚・昆虫そして人間の脳研究が面白い：21世紀は頭脳４次産業が開花』東京教育情報センター、1997年
森敏昭ほか『グラフィック認知心理学』サイエンス社、1995年
理化学研究所脳科学総合研究センター編『脳研究の最前線』（上）（ブルーバックス）、講談社、2007年
新星出版社編集部・編『脳のしくみ――脳の解剖から心のしくみまで』新星出版社、2007年
鳥遊まき『世界一おもしろい日本神話の物語』こう書房、2006年
V・グレンベック『北欧神話と伝説』山室静訳、新潮社、1971年

樋口広芳、黒沢令子『カラスの自然史――系統から遊び行動まで』北海道大学出版会、2010年
特集「音声コミュニケーション――その進化と神経機構」、『生物の科学　遺伝』2005年11月号、裳華房
渡辺茂「鳥類における空間記憶と海馬」『心理学研究』71号、144-156頁、2000年

■第８章　鳥の心と感情、鳥がもつ思考

マーク・ベコフ『動物たちの心の科学――仲間に尽くすイヌ、喪に服すゾウ、フェアプレイ精神を貫くコヨーテ』高橋洋訳、青土社、2014年
ユヴァル・ノア・ハラリ『サピエンス全史――文明の構造と人類の幸福』（上・下）柴田裕之訳、河出書房新社、2016年
細川博昭『インコの心理がわかる本――セキセイインコとオカメインコを中心にひもとく』誠文堂新光社、2011年
支倉槇人『ペットは人間をどう見ているのか――イヌは？ネコは？小鳥は？』技術評論社、2010年
渡辺茂、菊水健史編『情動の進化　動物から人間へ』朝倉書店、2015年
ジェーン・グドール研究所　http://www.janegoodall.org
テレサ・ロメロ、今野晃嗣、長谷川壽一（2013）、東京大学研究報告「人からイヌにうつるあくびと共感性」
http://www.u-tokyo.ac.jp/ja/utokyo-research/research-news/yawn-contagion-and-empathy-in-dogs/

このほか、日本鳥学会学会誌、『BIRDER』（文一総合出版、1998.5月号-2016.11月号）をはじめ、多くの書籍、論文、報道資料（web を含む）などを参考にしています。

[著者紹介]

細川博昭（ほそかわ・ひろあき）

作家。サイエンス・ライター。鳥を中心に、歴史と科学の両面から人間と動物の関係をルポルタージュするほか、先端の科学・技術を紹介する記事も執筆。おもな著作に、『インコの心理がわかる本』（誠文堂新光社）、『知っているようで知らない鳥の話』『鳥の脳力を探る』『身近な鳥のふしぎ』『江戸時代に描かれた鳥たち』『教養として知っておくべき20の科学理論』（SBクリエイティブ）、『インコのひみつ』（イースト・プレス）、『大江戸飼い鳥草紙』（吉川弘文館）などがある。
日本鳥学会、ヒトと動物の関係学会、生き物文化誌学会ほか所属。

[写真提供]

p. 70、p. 177、p. 203　安部蘭子
p. 220　神吉晃子
p. 228　佐藤麻子
p. 270　内田美奈子

鳥《とり》を識《し》る　なぜ鳥と人間は似ているのか

2016年12月23日　第1刷発行
2025年3月10日　第5刷発行

著　者　細川博昭
発行者　小林公二
発行所　株式会社　春秋社
〒101-0021　東京都千代田区外神田2-18-6
電話　(03) 3255-9611（営業）
(03) 3255-9614（編集）
振替　00180-6-24861
https://www.shunjusha.co.jp/
印刷所　株式会社　太平印刷社
製本所　ナショナル製本協同組合
装　丁　伊藤滋章
イラスト　安部蘭子

ISBN978-4-393-42134-5　C0095　定価はカバー等に表示してあります

細川博昭
鳥と人、交わりの文化誌

古より鳥は人の想像を喚起し、文化とも深く結びついてきた。人は鳥とどのように接してきたか。伝承やイメージ、記録から受容の歴史や関わりの様相を独自の視点で紹介する。

二二〇〇円

細川博昭
鳥を読む
文化鳥類学のススメ

グレートジャーニーにして、タイムトラベル！　神話、伝承、文学、芸術などに描かれてきた鳥たち。鳥と人との関わりの交点を縦横無尽に行き来する驚きに満ちた15章！

二七五〇円

細川博昭／ものゆう（イラスト）
人も鳥も好きと嫌いでできている
インコ学概論

なぜ心が通じあうのか。対人・対鳥関係や日常の中で形作られていく好きと嫌いのメカニズム。幸せな日々を共に過ごすために知っておいてほしいインコたちの心、感情、個性。

一九八〇円

小林朋道
進化教育学入門
動物行動学から見た学習

動物行動学の「進化的適応」理論に立脚し、学習のメカニズムを進化の領野からとらえる「進化教育学」を紹介。より効果的で深い学習が起こるための方法のヒントを提示する。

一八七〇円

武村政春
ウイルスはささやく
これからの世界を生きるための新ウイルス論

生命の定義や進化のメカニズムなど、常識の枠組みを覆し続けるウイルスが示唆する生命理解の新時代。最新の知見に基づき、あらためて「ウイルスとは何か」を問う。

二二〇〇円

佐治晴夫
14歳のための宇宙授業
相対論と量子論のはなし

「無」としかいいようのない状態から、突如、まばゆい光として誕生した宇宙。このかけがえのない世界を記述する現代の科学理論の2つの柱をわかりやすく詩的に綴る宇宙論のソナチネ。

一九八〇円

▼価格は税込（10％）。